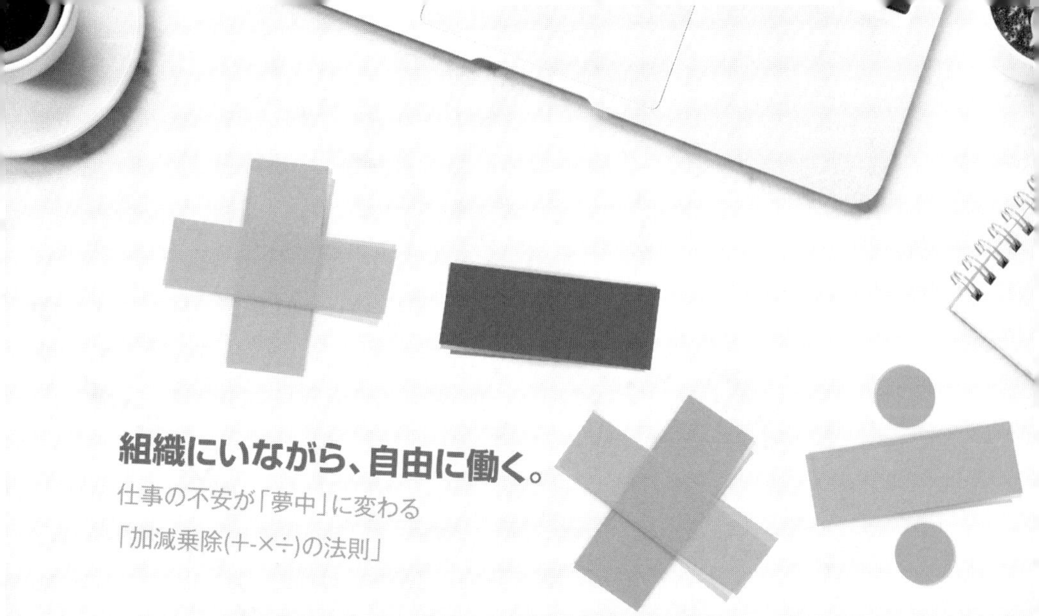

**組織にいながら、自由に働く。**

仕事の不安が「夢中」に変わる

「加減乗除(+-×÷)の法則」

# 加減乘除

## 複業時代，開創自我價值能力的關鍵

# 工作術


仲山進也 —

楊毓瑩 —


**未來世界的工作標竿，開創成功的斜槓人生！**

找出正向動機，
成為「吸引客戶的專家」

拋棄過去的「常識」，
培養出核心強項

結合團隊打造與行銷，
與職場夥伴享受工作

找到自己的「賣點」
及「目標」工作方式

斜槓教練 **洪雪珍** 推薦

前言

# 為什麼脫離組織軌道的我，得以受到矚目

我原本只是個「脫離組織軌道的怪人」，但不久前開始有越來越多訪談邀約，認為「我過於自由的工作方式非常新潮。希望聽聽我的故事」。

某媒體以「自由過頭的上班族」來介紹我。

我是上市公司（樂天股份有限公司）的正職人員，但同時也可以

- 自由兼差、自由決定工作時間、自由選擇工作內容（公司內唯一一位）
- 經營自己的公司（仲山考材股份有限公司）
- 與日本職業足球聯賽橫濱水手簽訂專業聘僱契約（二〇一七年）

這樣的工作方式被視為「自由過頭了」。

我擁有「可自由兼差、自由決定工作時間、自由選擇工作內容的正職人員」這個令人匪夷所思身分已經超過十年，而**我也深刻體悟到「工作方式」的改變**（我身邊所發生的）。

站在不同的立場從事工作的行為稱為「副業、複業」或「平行事業」（Parallel Career），近來有越來越多相關話題。然而，由於可以待在大型組織並兼職十年的案例不多，所以很多人好奇我「怎麼做到的？」。

看過這些報導的人告訴我**「我也想要隸屬於組織，卻又能自由工作」**。我聽了他們的想法後發現……

他們在工作上感到很不自由、受壓抑，害怕人生越來越無聊。

但是聽到人人都在談的「自由」，他們卻也感到難以置信，並陷入墮落的危機。若告訴他們想得到自由，就請獨立出來或投資，他們也覺得這條路不適合自己。他們也不可能想要創業、開闢新天地。

但他們還是想要**自由**。

想享受公司的福利，**但不想受組織束縛，想自由**。

就算自己不是獨一無二的強者，**也想要自由工作**。

即使不在像Google那樣以「自由風氣」為號召的前衛公司工作，**也想自由工作**。

我也做得到嗎？這樣講太任性了嗎？

有人這麼問我。

針對「我也做得到嗎？」的問題，答案是**可以**。

不是強者也做得到、不在前衛的公司工作也做得到。

而我心裡所謂的「強者」，是即使工作不順心，也不會感到煩悶。他們志氣高昂、用打不死的精神乘風破浪朝著夢想前進並達成目標。

相較之下，「泛泛之輩」就經常抑鬱寡歡。

他們經常在這些事上面鑽牛角尖。

「被分到不適合的工作」。

「不過是公司裡的小齒輪，無聊死了」。

「只能一直追著目標數字跑，太痛苦了」。

「工作都落在自己身上，做都做不完」。

「努力的結果就是累死自己」。

「想多做一點，但公司禁止加班」。

「很投入工作之際，也開始負責管理工作，但卻完全不順心」。

「沒意義的工作、會議、協調、績效評估等，被這些工作整慘了⋯」。

「很受客戶歡迎，但公司對我的評價卻不高⋯⋯」。

「想嘗試新事物，卻被相關部門說是多此一舉，嚴重受挫」。

「主管階層看起來似乎對結果不太滿意」。

「公司裡為什麼有一堆不做事的老人⋯⋯」。

「能不能不用再搭擠滿人的電車了⋯⋯」。

「有想過換工作和創業，但擔心自己的能力無法在外生存⋯⋯」。

「太熱衷於工作的話，在公司會變得太高調，被當成怪人⋯⋯」。

你一定有中幾項吧？

而這其中有很多項目，也是我過去曾經糾結過的。即使是會因為這些事情鑽牛角尖的「泛泛之輩」，也能自由工作（請放心）。

我要在這裡問一個問題。

下面這篇文章的內容，與我被認為「新潮」的工作方式很相近，你認為是何時寫的？

新的經濟基本單位將不再是公司而是個人。工作不再由制式化的管理組織分配或控制，而是由存在於既有組織外部的個體經營者集團來執行。透過電子方式產生連結的自由工作者，也就是網路個體（E-Lance），建立臨時性的流動組織，生產、販售產品或創造、提供服務。團隊在工作結束後即解散，他們便又回到個體經營者的身分，尋找下一份工作。

這段內容擷取自刊載於《哈佛商業評論》（*Harvard Business Review*）中的論文「網路個體經濟的黎明」（暫譯）（The Dawn of the E-Lance Economy）（湯瑪斯．馬龍（Thomas Malone）及羅伯特．羅巴哈（Robert Laubacher））。

這篇文章竟然誕生於一九九八年。也就是二十年前。

如果沒有出現「電子」或「E」這類充滿網路發展初期氛圍的說法，很容易令人以為是最近才出的書。

二十年前就被預測到的工作方式，如今卻被說是「新潮」，究竟是怎麼回事？純粹只是預言過早嗎？

不，這篇論文中已經寫道「這不是奇特的假設，這樣的變化已經以各種形式出現在現實中，未來也將逐漸變普遍」。

若是如此，日本的企業（企業人）是否跟不上這股變化的潮流？不知道通往「讓個人自由工作的勞動方式」在哪裡？抑或大家只是用嘴巴喊喊「想自由」，其實還是覺得依附在組織內比較快活，根本不想變自由？

無論如何都好。

若你問我「能不能變自由？」，我可以輕鬆地回答「可以」，但若你改問「怎樣才能擁有這樣的工作方式？」，其實有很多難以言喻的地方。

因為不可能「只要這麼做就可以」或「馬上能達成」。

我也試過簡單地回答這個問題，但是很多人會說「不太懂」、「和我差太多了，無法參考」、「所以終究只是因為加入了草創期的樂天啊」……。

因此我在本書中，試著將我所嘗試過的「自由工作方式」整理成有系統的架構，並彙整成一整本書。希望藉此讓你獲得啟發，知道「怎麼做才能變自由」。

## 透過「加減乘除」4個階段，促進工作方式的進化

自由工作的必須具備什麼條件——？

我發現這個問題的答案是**「加減乘除法則」**，也就是工作方式是經由第1形態至第4形態等4個階段逐步演化。

二〇一六年電影「正宗哥吉拉」（Shin Godzilla）和手遊「寶可夢」（Pokémon GO）非常受歡迎。在我留意到這兩者的共通點是隨著改變形態而進化的瞬間——，我腦中出現了一個想法，即「工作方式的進化形態為〈加減乘除〉，而自由工作方式的理想形態則是『除法』！」。

我的想法是，無論是上班族或自營業者，都是在改變工作方式的同時達到進化。

包括我過去的工作方式在內，我觀察了上萬名經營者和上班族（樂天店家和樂天員

## 工作方式的4個階段

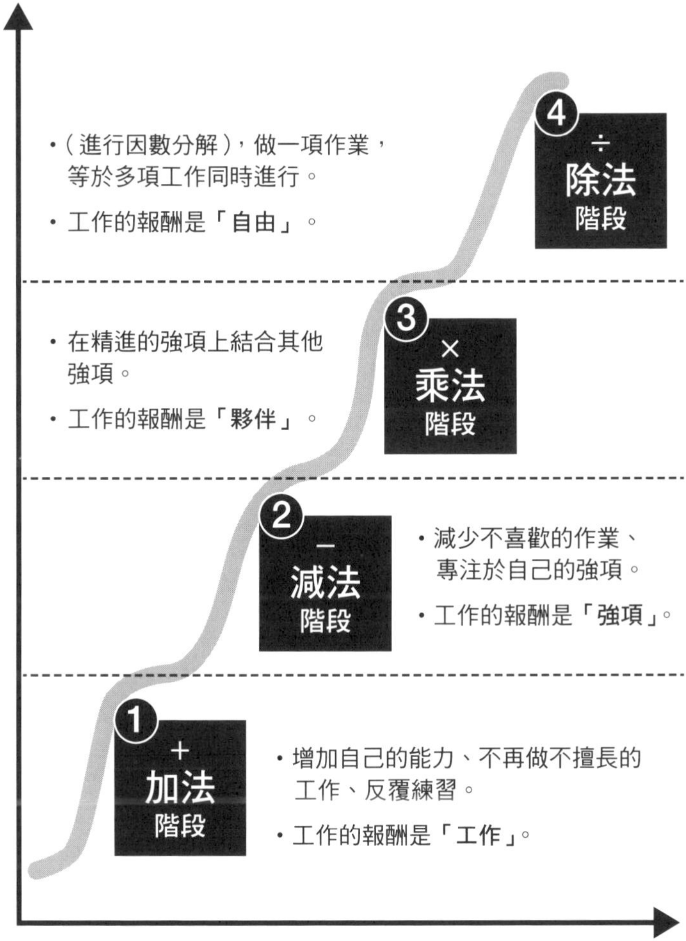

4
÷
除法
階段
・（進行因數分解），做一項作業，
等於多項工作同時進行。
・工作的報酬是「自由」。
3
×
乘法
階段
・在精進的強項上結合其他
強項。
・工作的報酬是「夥伴」。
2
－
減法
階段
・減少不喜歡的作業、
專注於自己的強項。
・工作的報酬是「強項」。
1
＋
加法
階段
・增加自己的能力、不再做不擅長的
工作、反覆練習。
・工作的報酬是「工作」。

工），其工作方式竟然能吻合地套用在「加減乘除」這4個階段上。

「加減乘除」各階段的工作方式概要如下一頁所述。

這4個階段是實現「自由工作方式」的必經路程。

如我所述，並非「只要怎麼做，就能立刻變自由」。想要快速簡便的人，請立刻闔起這本書……（笑），覺悟到「果然需要花時間」的人，請繼續看下去。

再來是如何閱讀本書，我希望您們能依**「加減乘除」的順序閱讀**，不要直接跳到與自己的狀態符合的階段。尤其若你意識到「照目前的軌道走，也無法想像自己未來能自由工作」的話，那就代表你更必須安裝「自由工作的作業系統」，因此請從「加法」章節讀起。

隨著越讀越深入，有的人腦中可能會出現「？」。這是因為那是你從未體驗過的階段，所以難以理解。而我與已實現「自由工作」的友人們討論加減乘除時，他們都異口同聲地說「除法我懂~」。本書的目的是藉由提出全新的道路，增加選擇性，因此若您在感到疑惑時能想到「還有這一條路可以走」便足矣（幾年後重新讀過一遍，或許會有意想不到的體悟……）。

那麼，請開始享受加減乘除進化之旅！

目錄



# 階段1 ＋「加法」安裝自由工作的作業系統

## 玩工作

階段 2

# 「減法」精進自己的強項

# 階段 3

# ×「乘法」獨創與共創
## 與職場夥伴享受工作

# 階段 4

# ÷「除法」不受任何拘束的自由工作法

# 階段 1

# ＋

# 加法

安裝自由工作的作業系統

# 不能一開始就公私分明

人進入公司、在組織下工作後，大多是由主管指派工作。若能照指示做好工作，心情愉悅的話是再好不過了，但實際上可沒辦法這麼順遂。

若做不好主管指派的工作，就會懷疑「自己再待下去好嗎？」，而工作上手後，又會覺得「一直做同樣的事好嗎？」

聽到別人安慰說「別想太多，做就對了」，你也覺得有道理，並隨著問題繼續懸宕，時間慢慢流逝——

由於一直煩惱也不是辦法，所以不少人會切割情緒，告訴自己「反正工作就是這麼回事」，不再胡思亂想，就某種意義而言，這樣做反而讓自己變輕鬆。

然而，若可以提升工作的幸福感也就罷了，但我還沒遇過這麼做也能快樂的人。

「輕鬆」和「快樂」似是而非。

「輕鬆」是將各種成本降到最小，「快樂」是付出很多成本並享受更大的好處。我們在做自己喜歡的事、小孩在玩遊戲時，都是為了得到「快樂」，而不是只以「輕鬆」為目的。

並且，若我們去「切割」就會停止進化。將乍看之下無法共同存在的事物混和、揉合、攪拌在一起產生「融合」，創造出新東西即為進化。若將「必須做的工作」和「快樂的事情」「分割」得太清楚，就等於阻斷了通往「享受工作」的路。

這樣會導致工作非常無趣，因此在進行「除法」之前，先從本章「加法」開始做起。

那麼，讓我們一起進入「加法」階段吧。

# 找出是什麼讓自己覺得煩悶

若不喜歡自己的工作方式，人會感到煩悶。

當你感到煩悶時，請看著圖1的「心流圖」，想一想「自己現在在哪個位置?」

這張心流圖的縱軸是「挑戰」、橫軸是「能力」。挑戰超過自己能力太多的工作時，人會感到「不安」。相反地，能力很好卻不嘗試有挑戰性的事物時，就會覺得「無聊」。

煩悶分為2種，**職場上所感受到的煩悶要不是「不安」就是「無聊」**。這就是煩悶的真面目。

相較於此，挑戰和能力的水準相等時，人會較容易**「投入」**。

這就是這張圖所傳遞的訊息。

正中央的「心流」狀態指的是投入或沉浸的狀態。

米哈里・契克森米哈賴（Mihaly Csikszentmihalyi）是提倡心流理論的心理學家，我將

**圖1　煩悶的真面目是「不安」和「無聊」**

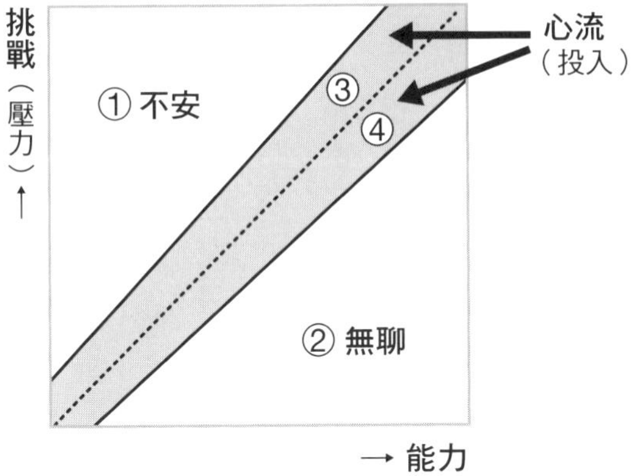


其著作《心流：高手都在研究的最優體驗心理學》（行路）中唯一出現的圖表整理過後，畫出這張簡單的圖。

因為③和④的含意有點不一樣，所以我自己在心流狀態的正中央畫了一條虛線。

③是挑戰度稍微高於能力的狀態。也就是挑戰超過自身能力的事情。

④是能力高出挑戰度的狀態。就好比專業職人專注於工作上的狀態。

了解怎麼解讀這張圖之後，我們再回到一開始的問題，**你認為自己目前在這張圖的哪個位置？**

若老是無法達成公司訂定的目標，持續失眠，即會落入不安區。

若你覺得自己只是組織的小齒輪，工作很無趣的話，就是落入了平淡無聊區。透過感受確認自己所在的位置，接著思考**「怎麼做才能接近投入區」**。

其實，這樣做的效果非常驚人。

契克森米哈賴訪問日本時，一篇訪問報導介紹了以下案例。

瑞典有一家連續一二五年赤字的州營交通公司。從外部聘任的人事主管請所有管理者選出三名成員組成四人小組。並且請他們「每二週就一定要與三名成員進行面談」。面談的過程中，主管們提出「成員們是否對工作感到厭煩？」、「是否感到不安？」、「是否處於心流狀態？」等，傾聽、記錄成員們的心聲，並基於面談內容讓成員們各適其適、調整工作環境和進行必要的訓練等。

雖然報導中沒有寫出詳細的面談方式，但我想應該是與成員們看著前面那張圖問「你認為現在的自己在哪個位置？」

並且，請再深入想像一下。

若對「因目標太高而處於不安區」的人提出「你覺得怎麼做才能靠近心流區？」的問題，他們或許會說「訓練過後，就能提升能力吧～」或「稍微降低目標，心理上會比較輕鬆，工作起來也能得心應手吧」。

相反地，若問「平淡無聊區」的人說「怎麼做才能進入心流區？」，他們應該會回答「挑戰不同的事物吧」。

主管可以針對成員們的想法，問「我可以怎麼協助你呢？」。而成員接著說「我需要這樣的協助」、主管也答應「沒問題。我可以提供這樣的協助」的話，就能產生新的行動。

我將這樣的面談稱為「心流面談」。

根據報導的後段內容，該公司連續執行一年的「心流面談」後，「隔年竟然轉虧為盈」。一家一百二十五年來都是赤字的公司。沒有人事異動等改變，**只是持續做舊的工作就能轉虧為盈**。

我想或許是因為在這種比較官僚的公司裡，很多人都處於「平淡無聊區」。在小小的契機下，全員自動自發「做點事」之後，開始懂得享受工作，並在短時間內提升了業績。

我向很多人推薦了心流面談。詢問有實際在公司落實的人，他們都說「反應不錯」。人若能得到自己想要的協助，心情會非常舒暢。

心流圖（圖1）當然也可以用來「自我診斷」。我隨時會檢視自己在哪個位置。感覺就像由上往下看著小小的自己在心流圖上來來去去，客觀地分析自己「喔，現在在不安區」或「有點落入平淡無聊區了」，並且有意識地去體驗當下的心境。

**進行心流診斷（自我）、心流面談，找出煩悶的原因。**

## 常見的不安思緒①

# 衝過頭，燃燒殆盡症候群

思考工作方式時，重點在於**「如何才能增加人生中處於投入區的時間占比」**。

我們不可以習慣待在不安區和平淡無聊區。

有人會說「但工作就是這樣啊」。

然而，**「工作就是這樣」的切割意識，會加深煩悶感**。

為什麼？

例如，一個把目標訂太高的業務員，若成天告訴自己「工作就是這樣」、持續陷入不安區的話，總有一天會灰心喪志、失去幹勁。也就是罹患燃燒殆盡症候群。

我們來將這樣的狀態套用在心流圖上。

人挑戰全新的目標時，會感到「不安」。隨著越做能力越好，足以達成目標時，就較容

圖2　用心流圖來思考燃燒殆盡症候群

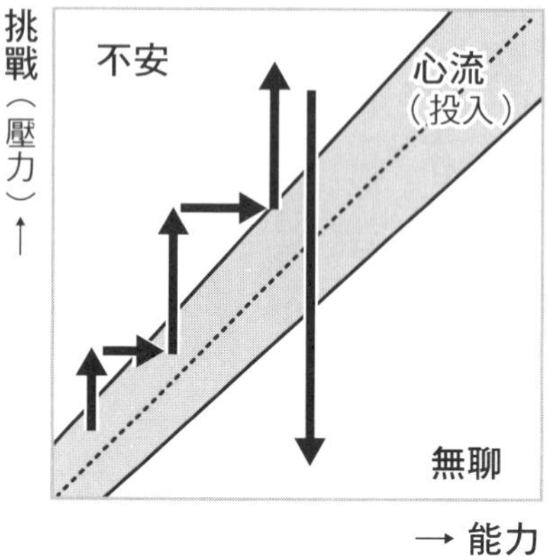


易進入「心流狀態」。完成一個目標並增加新目標的難度時，又會陷入「不安」區。

目標隨著重複這個過程而提升，但若失去挑戰的氣力，圖中的「挑戰」軸就會往下掉，從不安區落入平淡無聊區。

也就是說，「拚命」追逐過高的目標時，**人若充滿幹勁就會落在不安區、若氣力盡失就會落入平淡無聊區**。

拚命跟投入是不同的。**採用「拚命」模式，最後一定會走向不安或無聊**。

一旦認為「工作就是那樣啊」，就無法找到跳脫這個念頭的方法。

那麼，該怎麼做才能做到「投入」？

若表現下滑的原因是「挑戰」的壓力太大，選擇先降低目標或許有幫助。但是，一旦習慣拒絕挑戰，很快就會對自己的工作膩了，落入平淡無聊區。

因此，基本上我們應該去提升「能力」。透過請教主管、同事、閱讀、參加讀書會、反覆挑戰等，就能接近投入區。

並且，即使無法降低過高的目標，也可以主動給自己一些小挑戰，「先把這件事做好」的想法，也能令人逐漸接近投入區。這就是**「難度調整」**。

利用上述方法，調整挑戰與能力的平衡，讓自己保持在投入區。這就是增加投入區占比的訣竅。

**持續在不安區硬撐的話，就調整難度吧。**

## 常見的不安思緒②

# 安逸於「平淡無聊區」

持續處於「不安區」會令人燃燒殆盡，但就某層意義來看，更可怕的是對「平淡無聊區」習以為常。

很多原本健康成長的公司開始走下波，都是因為老闆對事業失去熱情。我看過太多這樣的例子了。有的人待在不安區也能成長，但我沒看過有人待在無聊區還能繼續進步。

**對工作「不感到膩」非常重要。**

說到「不膩」，我就想起自己訪問過某位足球教練，他在職業選手期間被稱為天才。

仲山：「被稱為天才，是什麼感覺？」

天才：「被冠上天才稱號的人，應該都差不多吧，都屬於努力的天才。一般人相同的事做久了之後會開始覺得膩，不過天才卻不會膩，而是可以持之以恆。」

仲山：「你的意思是一般人會覺得在反覆做同一件事，但天才卻能產生新鮮感，彷彿在做完全不一樣的事嗎？」

天才：「沒錯。每件事都有些許差異。我會做到自己滿意為止或思考有沒有更好的做法。」

仲山：「若以盤球來講，達到哪個水準才會產生**「差異」**？」

天才：「公園的地上，常常有石頭和掉落的樹枝吧。盤球必須能漂亮地閃過這些東西。」

仲山：「石頭多大顆？」

天才：「露眼看得見的都算。必須能以公分為單位控制足球。傳球的時候也是如此。」

仲山：「傳球又該怎麼說？」

天才：「當對手積極出腳防守時，我要把球傳到離對手腳尖5公分處。超過這個距離，對方就不會出腳，而是退回後場，這樣就無法拖慢對手的守備節奏。不過，如果球只在他腳尖前5公分，他就會毫不猶豫地出腳，因此可以讓對手『失守』。」

仲山：「5公分！？」

天才：「而且，為了讓對手覺得他可以攔下球，我的動作要讓他以為我會把球踢到他碰得到的位置。在他被假動作騙的時候，稍微改變角度，往他踢不到的球徑踢，或在他受影響時加快速度等，一樣是5公分，卻可以有不同的踢法。」

**仲山：**「哇，厲害。」

**天才：**「理想的射門位置是從球門內側踢進。因此，我瞄準這個位置，不斷練習。」

**仲山：**「練習再久都不會厭煩吧。」

**天才：**「是啊。我曾經練到人家跟我說練習場要關門了。」

以數公分為單位，實在太驚人了。

所謂的天才是**「全心投入，做再久也不感到膩的人」**。

每個人都可以投入於新事物，就像孩子拿到新玩具一樣。

然而，若每次膩了就換事情做，就無法精進。

有成就的人，一旦愛上某件事，就會連細節都不放過，興致勃勃。他們會想去深入了解（挑戰），**持續投入做同一件事，所以才能成功**。

有人以**「解析度高」**來表現這樣的狀態。

解析度高，就能清楚呈現出細節。由於細節不同，所以不會令人煩膩。解析度低就只能看到一個粗略，所以難以令人保持興趣。

請找出對你而言解析度最高的事物。找到令你越做越覺得深奧、有趣的領域，深入探索。

**跳脫無聊區，忘我地投入一件事。**

# 玩工作

## 調整難度

這是我去朋友家拜訪時發生的事。朋友的小孩說「一起來玩吧」，接著拿出用筷子將哆啦A夢挾起、堆疊的遊戲。

這真的很難。大人們全都失敗，因此有人提議「先用手玩玩看好了」。用手比用筷子容易。我們一下子就堆了三～四層哆啦A夢。習慣這個方法後，我們再用回筷子，就這樣慢慢玩上手，最後用筷子也堆得起來。

由於遊戲太難令我們覺得不想玩，**所以我們降低難度，讓自己可以享受遊戲的樂趣**。難度降低，過關之後很快就玩膩了，因此**提升難度繼續玩**，藉由這樣過程自然可以慢慢玩上手。玩遊戲時，這種情形很常見。

不過，工作又是如何呢？

抱著「真無聊」、「辦不到」的心情埋頭去做「別人交代」的事，最後完全做不好。這真是太可惜了。

想要投入一件事，不必想得太難。**只要玩工作就可以了**。

就像哆啦A夢的例子一樣，我們從小就知道要調整遊戲的難度。回憶一下你小時候怎麼玩的，或許能獲得工作上的啟發。而我想起自己小時候的事。

我小學三年級的時候，由於《足球小將翼》的影響，所以足球運動非常盛行，我也迷上了足球。

由於當時沒有兒童足球隊，所以我都是下課後把足球當遊戲玩。每天聚集的人數不一、每個人來的時間和回家的時間也不一樣。雖然有分組比賽，但由於沒有練習的概念，因此以5比0慘敗給對手的隊伍，就會相當沮喪，導致全部的人都不開心。最糟的時候，更有朋友嫌棄「太無聊」就不踢了。由於這樣很令人困擾，因此我們進行難度調整，更換隊伍成員，讓每一隊的實力都差不多，也制定約束彼此的比賽規則。

我們的目的是讓大家在回家前都能投入踢球，感到「啊，真開心。明天還想來」。因為如果人不夠，足球遊戲就無法持續下去。

對了，說到遊戲，有種遊戲叫做「角色扮演遊戲」（Role-Playing Game）。沒有先累積經驗值就直接挑戰Boss級怪物的話，很快就會被擊敗了。因此，必須重新開始累積經驗值。以累積經驗值為目的，踏實地持續執行一成不變的作業，把等級練到很強。玩到最後，原本令人期待的Boss關卡，也開始變「無聊」了……。我有過這樣的體驗。

換成工作來看的話，就相當於**「把提升技能當作目的，了無生趣地工作的人」**。

然而，這種人似乎還不少。真是太不值得了……。

而且，這種人因為不想失敗，所以不去挑戰。他們做任何事之前，都要先把自己能力提升到很高的水準。因此永遠都處於無聊區。**真是太可惜了**。

在「加法」階段，「增加能力」並非指「把自己變萬能」。而是勇於嘗試，**讓自己打好基礎，清楚了解自己的強項與弱點**。

想要累積足夠的經驗值以邁入下一階段，**就不能永遠停留在「加法」階段**。

所以說，我們玩遊戲時，不會挑戰太難的關卡，覺得無聊之後，會換另一種遊戲方式，所以很容易投入遊戲。

因此，沉浸於遊戲中的人，比較能把遊戲玩到精。

若能把工作當作遊戲，就能做上手。
那就玩工作吧。

**別再抱怨、煩惱工作太難，**
**現在就想想怎麼把工作當遊戲。**

# 有「好玩的工作」嗎？

## 利用因數分解，找出「工作＝作業×意義」

我一說「玩工作」，就會有人表示「不是吧，雖然你這樣講，但世界上還是有無聊的工作吧？快樂的工作令人投入，不過我無法想像自己投入目前工作的樣子。」

這裡所謂「快樂的工作」是什麼？

我們經常可在書上讀到「世界上沒有快樂的工作。只要認真做好眼前的工作，就會越來越快樂」。我認同這樣的想法，但是若囫圇吞棗不求甚解，只是壓抑自己的情感在工作的話，也會落入陷阱，因此我想要在更深入地探索（不希望變成有毅力就能克服一切的論點）。

我認為**「所有的工作都是作業」**，這句突如其來的話顯得缺乏夢想和希望。

究竟是什麼意思？

提重物的工作是「活動肌肉細胞的作業」、想企劃是「運用腦細胞的作業」。這是我的看法。

然後，從作業中察覺到什麼「意義」？

「作業」和「意義」是工作的二大要素。我將之表現為，

## 工作＝作業×意義

人在做自己「喜歡的作業」時，會感到快樂。愛好足球的人，認為踢球是一項開心的作業。喜歡幻想的人，認為靜靜坐著沉思是一項愉快的作業。

相反地，人在做自己「不喜歡的作業」時，一點都不快樂。有些人覺得踢球腳會痛、有的人覺得靜靜坐著沉思是件苦差事。

工作是由各項作業組成。

想要讓工作變快樂，關鍵就在於從事眼前的工作時，要**「減少不喜歡的作業」並「增加喜歡的作業」**。

例如，我「不喜歡的作業」包括，

- 公開演說。
- 和陌生人聊天。
- 講電話。
- 處理申請書等行政手續。
- 到人多熱鬧的地方（包括沙丁魚電車）。
- 思考如何應付考試等。
- 說服沒有幹勁的人。

等等。

這樣的我所做的工作是「規劃、舉辦演講、聚集聽眾」。由於我不喜歡「公開演說」，所以若可以選擇不用站在人群前講話，我就會盡量避開，但是以當時的狀況來講，我被迫親自出馬。所以，我接受「站在人群前」，但同時也在想有沒有辦法「不要講話」……。並且，我花了多年尋找方向，思考「哪些主題比較容易讓聽眾彼此討論」。

最後，我大量減少了自己「在人群前講話」的作業時間。

甚至減過頭，常常被比較熟的顧客笑說「明明是講師，怎麼話那麼少！（笑）。」

另外，「想題目」對於喜歡思考的我而言，是「喜歡的作業」。做起來非常開心，因此簡直是一石二鳥。

如上所述，調整做事方法，「減少不喜歡的作業，做自己喜歡的作業」，工作就會變快樂。首先，我建議可以列出清單，以清楚掌握你「不喜歡的作業」和「喜歡的作業」。

列清單的時候，請注意「喜歡的作業」和「想做的工作」之間容易混淆的部分。

例如，我常看到有人寫「我喜歡將想法化為行動，所以希望在企劃部工作」（過去的我就是這樣）。

「將想法化為行動的作業」，就算不是企劃部，在任何部門工作都會做到。而且，企劃部的工作中夾雜著很多我「不喜歡的作業」，多到超乎想像。包括公開談話、繁多的行政庶務、必須說服缺乏幹勁的人等作業。

**「眾人認為快樂的工作」與實際上「你會做得快樂的工作」很不一樣。**

因此，若有時間幻想「理想中的職業和部門」，不如在目前的部門裡，把別人交付的工作做好，不要挑工作。然後再以**作業為單位區分「喜歡」和「不喜歡」**。這麼一來，你也可以從現職中找出減少「不喜歡的作業」的方法。

很重要的一點是，**全力避開「不喜歡的作業」**。

由於太重要了，所以我要再說一遍。**全力避開「不喜歡的作業」**。

雖然我剛剛才說「不要輕易放棄挑戰」很重要，但我這並不是在自打嘴巴。我不是要你們逃避挑戰，而是避開「不喜歡的作業」。

挑戰中也會有我們「不喜歡的作業」，花時間調整、把作業轉換為「喜歡的作業」，挑戰本身就會變得有趣多了。

**請列出你「喜歡的作業」和「不喜歡的作業」。**

# 「過程即目的」能讓工作變快樂

我的第一個問題是「什麼是快樂的工作」？

接著，我還要深入探討**「做自己喜歡的作業時，所帶來的快樂」**。

你知道電視節目「玩轉世界瘋很大」（水曜どうでしょう）嗎？

這個節目的陣容包括藝人大泉洋，原本是只在北海道播放的節目，後來更在日本全國重播。節目內容中，有一系列是騎著輕便機車橫越越南、開車橫越歐洲系列企劃，過程非常搞怪和無厘頭，連續播放了好幾週。當然，他們會朝著終點地前進，而一旦抵達終點後，就瞬間跑出「ＥＮＤ」字幕。真是太厲害了。

哪裡厲害？就是終點雖然是目標，卻不是目的。

節目班底抵達終點後，不會有浮誇的感動之舉出現，也沒有預定在當地舉辦任何活動。

**圖3　做「喜歡的作業」時，過程本身就是目的**

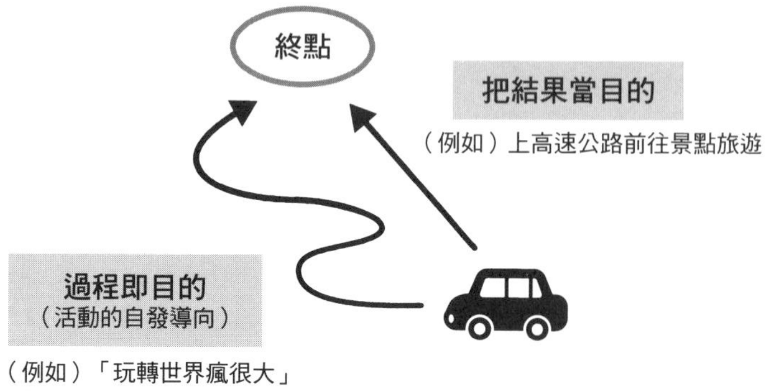


**你要為了去玩而啟程？或邊開車邊享受沿途風景？**

終點單純意味著企畫的結束。

也就是說，**從起點至終點的「搞笑無厘頭過程本身就是目的」**。

這一點與出差或前往景點觀光的旅行完全不一樣。

我將「玩轉世界瘋很大」與「上高速公路前往景點旅遊」的差異，以圖示表現出來。

出差或觀光旅行的人，會將抵達終點這項結果當作「目的」。他們認為少了途中的過程也無所謂。最好像「任意門」一樣，瞬間就能抵達終點。

而「玩轉世界瘋很大」則是享受移動的過程。差異就在這裡。

那麼，這個差異有什麼意義？

提出心流理論的契克森米哈賴，使用

「活動的自發導向（autotelic experience）」這個字作為心流的要素之一。意思是若活動本身就是目的，會較容易進入心流狀態。

不過，由於「活動的自發導向」這個字過於艱澀，所以我將此稱為**「過程即目的」**。過程中的作業本身是自己「喜歡的作業」，是樂趣所在。因此，**能在工作過程中增加多少「喜歡的作業」的占比**，能讓多少工作變成「喜歡的作業」，調整作業是讓工作變快樂的關鍵。

**沒看過「玩轉世界瘋很大」的人，請立刻看一看！**

# 深掘眼前「不擅長」的事，可找出「稀有價值」

這事發生在我擔任電子商務顧問，協助業者經營網路商店的期間。

基本上我們是用電話溝通（以email為輔）。一開始覺得自己「不擅長講電話……」，所以做得有點卡，但多講幾次以後也習慣了。

然而，由於我負責的店家超過100家，所以光靠電話和email還是有不足的地方。因此有一天研發部門的員工設計了「可以向自己負責的店家發送電子報的平台」。

打電話原本就是我「不喜歡的作業」，所以我決定來寫電子報。不過，由於電子報是寄送給多位收件者的內容，所以與我「不喜歡的作業」，也就是「在人群前說話」仍有共通的部分。

但是，我寫過之後，發現寫電子報是我「喜歡的作業」。

這是什麼意思？

我「不喜歡的作業」，正確來講應該是「站在別人面前，開口說話」。所以，「針對群眾撰寫email」這項作業，非但不苦反而很開心。

就這樣，我邊工作邊分解，久而久之便發現所有的業務都能歸類為**「不喜歡的作業」**、**「喜歡的作業」**、**「沒有特別喜好的作業」**。

經過適當的分解，即使是不擅長的工作，**經過調整後也能避開「不喜歡的作業」，轉換為「喜歡的作業」**。

並且，電子報很成功的同時，之前累積的電話經驗也開始發揮效用。由於我每天與顧客對話，了解他們對我的話會有什麼反應，因此也能知道「電子報要寫什麼內容」。不要逃避自己不擅長的工作，非常重要。

然而，就算努力過了，還是有人會感嘆「被分到不適合自己的工作」。

我很少對人說過，不過我認為**「一開始先做不擅長的工作」反而是機會**。

為什麼？

假設有一個人「很會上台說話」。

他思考哪種職業適合自己，最後決定做講師。看起來完全是運用自己優勢的選擇。

然而，他進到講師界之後，才發現這一行裡面有太多跟自己一樣的人，高手雲集，都是比自己「更會說話」的人。由於優勢是相對的概念，因此在業界「很會上台說話」就稱不上是優勢——。一開始就選擇自己擅長的領域，往往會落入這個陷阱。

反過來，「不擅長上台說話」的人去當講師，不逃避地調整工作，將「不喜歡的作業」轉換為「喜歡的作業」，或許也能獨樹一格，成為「不會說話的講師」。講師沉默寡言，但小組討論的題目非常絕妙，讓初次見面、與同事都不曾聊到這麼多的聽眾，彼此之間能深入對話。如此一來，這樣的作風或許就能在業界成為**「稀有的優勢」**。

我經常看到自稱口拙的業務達人出書。若他們一開始就因為自己「不適合上台說話」或「不太會跟陌生人聊天」就逃避工作，那就無法建立起「不會說話的講師」的招牌。

**深入了解眼前不擅長的工作，未來就會有好事降臨**。

某足球教練對日本的青少年足球代表隊說了這段話。

「在亞洲，日本只要發揮優勢就能贏得勝利。但在全世界，任何弱點都可能讓球隊輸了比賽。**不去琢磨不擅長的部分，就無法提升水準**。等察覺到這一點再來改正，非常辛苦。」

這段話點出了在「加法」階段深入探索弱點的重要性。

深掘自己不擅長的事，學會正視自己的弱點。

**你不擅長的工作，讓你有機會訓練自己把工作轉換為「喜歡的作業」，因此應該開心面對。**

## 挖掘工作的「意義」
### 工作的動機（好處）有6種

從這裡開始，我要開始解釋「工作＝作業×意義」中的「意義」。
與工作動機相關的研究相當多，主要可分為6種動機。

①因為快樂。
②因為有社會意義。
③因為有成長的潛能。

以上3個是正面的理由。接下來的3個理由則偏負面，

圖4　6種工作動機（好處）

①因為快樂
④因為有情感上的壓力
（不想被罵、被嫌棄）
②因為有社會意義
⑤因為有經濟壓力
（希望有飯吃）
¥
③因為有成長的潛能
⑥因為慣性
（因為昨天也有工作）

④因為有情感上的壓力（因為不工作會被罵、被嫌棄、被嘲笑）。
⑤因為有經濟壓力（因為不工作就沒錢）。
⑥因為慣性（因為昨天也有工作）。

前3種工作動機會提升工作表現，後3種工作動機，則會導致工作表現變差。「快樂」、「社會意義」、「成長潛能」等正向動機與工作內容是連結的，「情感上的壓力」、「經濟壓力」、「慣性」等負面動機則和工作內容沒有相連。

3種正向動機都具備的人，較能長期維持亮眼的工作表現。因此，我們應該思考如何將前3項轉化為工作的動力，**「賦予工作意義」**。

相反地，讓我們來想想，感到煩悶卻又安於工作現狀的人，對應到這6個動機又是如何？不只是上班族，對目前的事業力不從心、苟延殘喘的經營者也一樣。沒有勇氣突破現狀的人，是抱著什麼樣的動機在工作呢？

他們感受不到「①快樂」，處於無聊和不安中，就「②社會意義」來看，他們無法理解並實踐公司的理念，也不覺得自己能「③成長」。

他們的工作動力恐怕是來自害怕考績不佳（④情感上的壓力）和薪水變少（⑤經濟壓力），他們也擔心自己努力工作卻無法加薪……。

即便如此，由於主動跳脫現狀非常辛苦，因此他們選擇繼續按兵不動（⑥慣性）。大概就是這種感覺吧。

以心流圖（請參照第25頁）來講，我推測他們不只是單純地處於無聊區或不安區，而是更複雜的「無聊×不安」工作狀態，即「雖然今天的工作很無聊，但我擔心明天以後的事」。

## 別再因為認為「工作是為了吃飯」，而導致自己停止思考。

## 這樣做，就能培養3點正向動機

將「①快樂」、「②社會意義」、「③成長」這三項正向價值轉為工作動機。這一點非常重要。實際上，養成這三點，工作就會變得快樂無比。

我從大型公司換到二十人的新創企業。

我進去不久後，公司的事業就進入全面成長的階段，業務量暴增。新公司的事業原本就是我不懂的領域，部門也還沒劃分好，所有員工都必須接電話、回覆email，就在這樣的過程中，我逐漸對工作建立起完整的概念。忙到不知道沒空管快不快樂，每天都感覺時間飛逝，有時候卻莫名覺得一天很長（後來我才知道那是進入心流狀態後的時間感覺）。

過了約三個月之後，我發現自己已經不必向前輩請教，就能獨立做完一天的工作。

我心想「啊，我進步了不少」。

後來還有客戶寫email告訴我「我執行了你之前提供的點子，反應不錯喔！謝謝！」。「開心！」的感覺讓我越來越投入於工作。

我將這種**「來自顧客的感謝」**稱為**「心靈的滋養」**，簡稱為**「養心」**。由於美味至極，使我變成了「心靈滋養上癮者」。在追求心靈滋養的同時，我也真正獲得了工作的快樂。

整理一下這個經驗，會發現我換公司幾個月後，

- **獲得「心靈的滋養（②社會意義）」讓我感到「①快樂」**，
- **並不斷成長（感受到③成長的可能性）**

自然而然培養出這3項正向動機（真幸運）。

那麼，該怎麼才能擁有這3項動機？

說到「社會意義」，我們通常會認為應該是要解決重大的社會問題，但其實不用如此崇高，只要理解為**「在與他人的關係中，發揮自己的價值」**即可。**若能讓客人感到開心**（獲得「心靈的滋養」），**工作就具有社會意義**。

獲得「心靈的滋養」，投入工作的開關就會跟著啟動。

收到客戶寄來的一封「感謝信」，就能令我雀躍的飛上天、留下感動的淚水，察覺到「原來自己的工作，對客人有這麼大的幫助！」。

原本只將「使用者」視為「單純的數字」或「無臉妖怪」的我，開始認知到他們也是「有人性的客戶」。如此一來，投入工作的開關開啟，過去只為了「餬口飯吃」而工作的我，工作動機變成「希望客人開心」。

就這樣，我在不知不覺中培養出這3種正向的工作動機。

**就算只有一位也好，做令客人開心的工作（單純只有打折不算）。**

## 「加法」階段的目標，是成為「吸引客戶的專家」

我要繼續講我剛換到樂天工作的故事。

我開始覺得工作好玩的時候，以心流圖來看，就是處於能力稍微高於挑戰，也就是游刃有餘的狀態。由於先前完全應付不來，所以從那時候起才開始有時間和精神看書。

因此，我發現前輩的桌子上擺了一本有趣的書。前輩順勢說「這本書很有趣喔」，我在他的推薦下了這本湯姆・彼得斯（Tom Peters）寫的《耶！打響自己50招》（時報文化），書裡寫著這樣一句話。

**「與顧客共存」**。

與顧客促膝長談、隨時隨地為顧客著想、盡心滿足客人，與客人同甘共苦。這樣做就能

「打響自己名號」。

讀到這裡的我，心想**「哦！那就與顧客共存吧」**（單純）。

還有一次，社長在全公司大會中，談論「提升業務效率的目的」。他說「我知道大家都很努力地在提升業務的效率。但是，很多人都把多出來的時間，用來增加公司內的工作。提升效率的目的應該是增加與顧客的接觸時間。與顧客間的溝通，才能創造價值。」

聽到社長這麼說，我馬上想**「哦！那就花更多時間與顧客接觸吧」**（單純2）。

自此以後，我便開始反覆執行「提升效率→增加與顧客接觸的時間→想做的工作變多→提升效率」。

每周有四天在舉辦講座、偶爾進行三天二夜的住宿訓練、聚會討論（但幾乎都是當聽眾），空出來的時間則用來寫電子報（那個年代還沒有SNS或部落格）。透過這些活動，除了持續分享直接從顧客（樂天市場的店家）那裡聽到的有趣和可供參考的故事，更能從讀者即店家方面陸續蒐集到更多的故事。資訊總會流向資訊源頭。

後來，公司裡第一次有廣告行銷人員拜託我說「有媒體想來採訪我們，如果有有趣的店家，請記得告訴我」。負責招商的部門也說「你最清楚店家想問什麼吧」，所以也把規劃小組會議的工作丟給我……，是全面委託我辦理。

就這樣，我在公司的角色變成「如果想辦什麼讓店家覺得新鮮的新活動，找他就對了」。說好聽一點，就是大家認同我是「顧客專家」。

當公司內部有這樣的認知，連有頭有臉的大人物也來問我「最近店家的狀況怎麼樣？」

話說回來，我畢業後待的第一家公司，給員工的一句話是**「走到消息聚集的邊際」**。意思是「所有的變化、新創意都是在邊際產生，因此只待在組織中心的話，就不知道外面發生什麼事了」。

當組織壯大起來，工作表現優異的人會升上管理階層。他們由於遠離了第一線，所以直接與顧客接觸的機會變少，甚至沒有。一旦如此，就必須由部屬回報消息，但資訊一旦經過人的編輯，就會摻入「編輯者的主觀」。並且，在第一線的人員，可能包括菜鳥新人、進公司許久還是搞不清楚狀況的員工以及沉默的資深員工等，我們很難從他們身上得來的「顧客資訊」，去掌握整體的狀況。

因此，「掌握一定程度的狀況後，移動至變化最前線（顧客與公司的邊際）的人」，才能成為公司內部具有稀少性的存在。並且從「大量經驗」中逐漸建立起自己的強項。

而我在說「顧客專家」的時候，我所認知的**「顧客」**，其意義比「購買商品和服務的人」更廣泛。

我剛畢業進入電機廠商時，在新人研修中印象最深刻的一句話是**「下一道工序是客戶」**。我記得意思是「在工廠製造一個產品時，需要經過好幾道工序，請把執行下一道工序的人當作客戶，工作時多點貼心的舉動，方便下一個人作業。除了工廠之外，行政庶務也適用這個做法」。也就是說，對於只接觸到公司內部人員的行政部門來講，公司內部人員就是他們的「客戶」。若能有這樣的思維，人人都可以成為「顧客專家」。

**與顧客共存。**
**分享顧客提供的資訊。**

# 以「先發現先輸」的心情，撿工作來做

有的人會把掉在辦公室的垃圾撿起來，有的人則不會。

誰比較占便宜？

用「誰比較占便宜」來形容或許有點奇怪，但正常來講不去撿樂得輕鬆，所以會覺得占了便宜。讓我們來想想看為什麼有人不把垃圾撿起來。

- 因為沒注意到有垃圾。
- 因為在家裡就沒有撿垃圾的習慣。
- 雖然在家裡會撿，但在公司覺得這「不甘自己的事」。

● 因為這不是他的工作。
● 因為嫌麻煩。

大概就是這類原因吧。

相反地，為什麼有人會撿起垃圾？

● 有注意到垃圾（觀察能力佳）。
● 不喜歡看到垃圾掉在地上（愛乾淨）。
● 把公司的事當「自家的事」（喜歡「把別人的事當自己的事」）。
● 認為這是自己分內的工作（站在整體的角度看待工作）。
● 不覺得麻煩（行有餘力）。

大概就是這樣。

也就是說，會把垃圾撿起來的人，是因為看到垃圾，而且不撿起來就覺得難受，所以才展開行動。

我稱這樣的行為是**「先發現先輸」**。我這麼講其實**帶有讚美的意味**。

就算覺得「怎麼老是都是自己在撿垃圾」，但既然看到了就是無法置之不理。這種人不能忍受自己成為沒注意到垃圾或不在意垃圾的人（笑）。

換句話說，察覺和在意周遭的敏銳感中，可能潛藏著**自己的「強項」**。「察覺」代表**「有自己的觀點」**。人若少了觀點，眼裡就看不到其他事物。

「在意」代表「反應快（反應閾值低）」。意思是對於很小的刺激也會產生反應進而採取行動。

那麼，讓我們將垃圾換成「工作」來重新思考。

請想像以下情景（我的經驗）。

某一天，因為公司內部寄來一封郵件寫著「明天要把這篇文章統一發送給客戶」，所以我看了一下內容。內容主旨是即將變更服務，希望獲得客戶理解，但我認為「寫法詞不達意」。我把自己的想法告訴承辦人員，結果他卻說「那你來寫吧」。

這種情況就是「先發現先輸」，因此我也只好接受了（笑）。

用自己的觀點去察覺「客戶看了那篇文章會作何感想（為什麼詞不達意）」是我的強

項，知道「該怎麼寫才能清楚表達」也是我的強項。若還能進一步寫出達意的文章，又多了一項優勢「表達能力」。

由於承辦人員缺乏這樣的觀點，所以看不出「差在哪裡」。

就像這樣，**把「辦公室裡沒人做的工作」撿來做，就能造就自己的「強項」。以「先發現先輸」的精神撿工作來做，總有一天會變成「先撿先贏」。**

尤其在「加法」階段，撿越多工作越好。

**別人不做的工作是「先撿先贏」，**
**無論是不是沒人想做的工作，只要注意到了就撿來做吧。**

# 不再當組織的「小齒輪」

## 規劃獨自包辦的計畫

這是我們公司進入快速成長期的故事。業務量暴增的速度遠超過員工增加的速度。就像玩「打地鼠」遊戲時，根本來不及打一樣，所有人每天都被緊急工作追著跑，工作量超載。同事一起討論過後，認為必須提升業務效率才能有所突破，因此直接向老闆提出「劃分部門」的要求。老闆聽了我們的要求，答案是「NO」。

為什麼？

社長表示「會來我們公司上班的人，幾乎都是因為覺得在大型組織裡做著宛如小齒輪般的工作非常沒有意思，而且一旦分工之後，就無法掌握工作的全貌，導致成長速度遲緩。所以不行。」

小齒輪般的工作沒意思，我也是這麼想的。所有員工理解後，又回到各自的崗位上。

然而，三個月後狀況越演越烈，員工終於又不堪負荷。

公司就上了新油一樣，急速成長。

因此，員工再度向老闆提出請求。這次老闆點頭答應劃分部門、進行分工。或許社長也認為已經到了成長階段的轉換期。

分工後，效率大幅提升。尤其有些經常被拖延的工作，經過專業分工後都能如實執行。將不緊急的業務交由專門部門處理，便不再有拖延的問題。

然而，雖然分工化感覺讓業務變順暢了，但狀況是隨時都在改變。

公司陸續招募新人、舊員工調去執行公司的新事業後，各部門便沒有「知道分工前狀況的人」。新人進來後，都只認識自己的部門，只為所屬部門做事。而且是很自然地這麼做，不覺得有什麼不對。

最後終於出現「成長速度遲緩」的狀況，這也是老闆一開始不贊成分部門的原因。

沒有分工前，各部門的員工彼此互相了解工作的整體樣貌，因此很自然地會去思考最適合整體的做法，而非只考量局部。

失去了才懂得珍惜。我還真想回到過去……。

但是，若要只認識自己所屬部門的人去統合分工後的工作，只會令他們覺得增加了新的業務。只有在劃分部門前就進公司的人，會想要「回到過去」。

啊，掌握整體樣貌果然很重要……。

我抱持著這樣的想法，三月抵達了羽田機場。

我在排隊等待安檢時，看到「有些人穿著羽絨大衣」、「有些人穿著短袖短褲、夾腳拖」。有些人要去北海道，有些人要去沖繩。

包括我在內，多數人都是「春天的穿著」。因為我們都認為「這種溫度穿羽絨衣太熱了」、「穿短袖短褲又太冷了」。

機場內的空調溫度是一樣的，但若看得到「包含未來在內的整體樣貌」，無論冷熱我們都能忍受。若在不知道目的地的狀況下被告知「換上」羽絨衣或夾腳拖，人們就會覺得「這麼辛苦，饒了我吧」。

只看到局部和看到整體的人，差別就在這裡。

掌握整體，我們就能看出**「關聯」**。

看出關聯，我們就會**「做功課」**。

做了功課，我們就會負起**「責任」**。負起責任，**「成長速度」**就會加快。

「追求眼前的效率而進行分工」卻失去「看見整體的能力」，理解其所帶來的負面影響之大後，我才知道什麼是真正「有效率的分工」。

這也是我在「加法」階段中所學習到的觀點。

那麼，「已身處大型組織中的人」該怎麼辦？

若想要在有一定規模的組織中，掌握工作的整體樣貌並發揮自己的能力，就要參與新專案。就我目前看過的案例中，「設立子公司」是典型的方法，讓人可以在組織逐漸壯大後，仍可從事「掌握全體的工作」。由少數人同心協力，全心建立一個事業（整體），我看過很多人透過這樣的體驗獲得成長。

就我個人而言，創辦樂天大學，「自己舉辦講座、自己推銷、自己提供」，一條龍式的工作經驗，成了我極大的資產。一旦了解了事業和公司的整體樣貌，即使日後組織規模變大並分工化，也因為仍可掌握其中的關聯性，因此還是看得到整體樣貌。

若不想在當公司的小齒輪，想從中解放，首先要學會**「從細瑣工作中看見整體樣貌」**。

就這樣的意義而言，其實就算沒有新專案可執行，若能將手邊的業務重新定位為**「獨自包辦計畫」**，人人都能立刻開始學習。「更新文件版型計畫」也好，「商品簡易說明工具研發計畫」也很不賴。

請試著去做一個人就能包辦的計畫。

**首先，請先自己做、自己賣，自己把商品或服務送出去。**

# 如何解決「不知道自己想幹嘛」的問題

## 建立「展開型人生」

曾經有人向我諮詢「不知道自己想做什麼」的問題。

會有這種問題的人，幾乎都是處於「加法」階段。

因此，雖然只要全心全意做好眼前的工作就好，但當事人還是會焦躁而難以進入投入區。所以我要在「加法」章節的最後，說明如何解決**「不知道自己想幹嘛」的問題，從中獲得自由**。

我大學四年級時，曾參加過*司法考試，但落榜了。

司法考試有很多重考生，但我不確定自己是否願意重考直到上榜為止。原本我也只是因為法律系的畢業生一定要試，所以才跟著考。

而且，我還想起自己不喜歡為考試而讀書（為時已晚）。升大學的時候，我是透過推甄面試入學。

我在大學時期雖然有去司法考試補習班，不過補習班規定考生「在論文考試中批判有力學說，用通說去寫答案」，這種應付考試的感覺，令我渾身不對勁，因此我連模擬考都沒有參加，就這樣渾渾噩噩地上課。

後來我決定「放棄」考試，直接就業。

然而，當時是就業冰河期。由於聽說畢業生很難找工作，所以我請父母讓我延畢，繼續讀第五年。

完全沒想到去工作，因此也不知道自己要幹嘛。

並且，我也完全沒準備工作面試要怎麼回答。當我被問到「我們公司是你的第一志願嗎？」，我還很憨直地回答「我其實沒有什麼第一志願的公司……」。我還問出「我希望自己的工作能讓別人對我說**「謝謝」**，你們公司可以嗎？」這種菜到不行的問題，遭到好幾位面試官的嗤笑。

---

＊ 在日本是指取得司法官、檢察官或律師資格的考試。

經歷了多次這種面試，最後有約五十家公司拒絕我（笑）。

值得慶幸的是總共有三家公司願意錄取我，我在其中二家之間猶豫。一家是日本職業足球聯賽的贊助商，另一家是當時的曼聯（Manchester United）贊助商。基於「還是曼聯比較好吧」的理由，我進了電機製造商。

如上所述，我很不擅於「自己訂定目標，擬定達成目標的對策」（司法考試和工作面試都一樣）。

開始上班後，只要做好主管分派的工作就好，令我安心不少。但是，「擁有夢想和目標，努力去實現」是世俗眼裡的成功法則，導致我認為做不到的自己非常失敗。

然而，有一次我在一本書上看到這句話。

**「人可分為目標達成型和展開型2種類型」**。

展開型與目標達成型恰好相反，**展開型的人不事先擬定目標和程序，而是順其自然、水到渠成**。作者認為沒有誰優誰劣的分別，**兩種都很好**。

「展開型人生，我不就是這種嘛！就算不是目標達成型的人，也不代表我很失敗！」我重新認同自己，充滿力量。

話說回來，小學在寫「未來的夢想」時，根本不可能寫出「要進入網路新創企業，成為自由的上班族」等（那時候根本沒有網路這種東西）。

也還好我的人生因而有了更有趣的發展，遠超過我能想像的範圍。

當然，若公司給了我一個目標，我就會想辦法達成，完成使命。然而，我不再因為人生「不知道自己要幹嘛」或「沒有夢想和目標」就灰心喪志。我過自己的展開型人生，投入於思考做事的方法。

對於展開型的人而言，**專心過好「現在」是讓人生流程變順暢的最佳方法**。即使「不知道自己要做什麼」，只要全心投入眼前的工作，享受「加法」階段，路自然會變得開闊。

**在職場上糾結於「不知道自己要幹嘛」的問題，只是浪費時間，因此別再煩惱了。**

÷ × − ＋

加→減

進入下一階段前的

# 必備清單

### 必備項目

□心流圖

→具備調整能力，讓挑戰與能力之間達到平衡，讓自己可以進入投入（心流）區。

□工作的公式「工作＝作業×意義」。

□不喜歡的作業、喜歡的作業清單。

□深入探索自己不喜歡的業務具有什麼意義。

→讓自己有能力可以將目前工作中的「不喜歡的作業」改變為「喜歡的作業」。

□培養3種正向動機（快樂、社會意義、成長可能性）。

□過程即目的的工作方式。

□學習顧客知識（成為顧客專家）。

□提升業務效率，增加與客戶互動的時間。

□以「先發現先輸」的心態撿工作來做。

□可以獨自包辦的計畫。

### 不必要的項目（必須拋棄的物品）

□對工作的誤解，「想做快樂的工作」。

□3種負面動機（經濟壓力、情感上的壓力、慣性）。

□誤以為「沒有夢想和目標的自己很失敗」。

# 階段 2

# 減法

## 精進自己的強項

# 拋棄過去的「常識」

在「加法」階段做好分內事、撿別人不做的工作來做，持續調整挑戰與能力之間的平衡，就能（越來越）接近投入區，透過這樣的過程，我們就能把自己原本不擅長的工作做得比別人更好、發現自己的優勢，獲得「心靈的滋養」並快樂地工作。

咦？你還沒達到這個狀態？

若是如此，繼續閱讀本章或許有點危險。

我建議您回到上一章。

在「減法」階段，我們要徹底強化在「加法」階段培養出來的強項，丟掉累贅。

我們要拋下的累贅是「工作的常識」。

雖然被過去的常識束縛住，會令我們無法自由地工作，但要「拋棄過去的常識」需要相當的勇氣。

「捨棄穩定的生活」、「不要奢求在公司裡獲得肯定」、「放棄得到主管的許可」等，盡是乍看之下令人不解的話。

沒有在「加法」階段培養出強項，就直接丟掉「工作的常識」等於是有勇無謀。我們必須從眾多顧客身上獲得「心靈的滋養」，有了這樣的經驗才知道可以捨棄哪些東西。

「心靈的滋養？那是什麼，好吃嗎？」有這種疑問的人，只能說等級還太嫩。有興趣的人，不妨看看這一章，但請絕對不要急著落實本章的作法（笑）。

在「加法」階段中，感受到工作變快樂，但工作量超過負荷，想知道接下來該怎麼辦的人，讓您們久等了。

請繼續往「減法」階段前進吧！

# 「減法人生」
## 拋開「他由」就能得到「自由」

朋友推薦我一本岡本太郎的《在自己心中種個毒》（自分の中に毒を持て），我看過之後，受到了很大的衝擊。第一頁是以這樣一段話做開頭：

人人都認為人生是一連串的累積；但我恰好相反；我認為人生是不斷地刪除。無論財產或知識，當我們累積得越多，反而會失去自在感。侷限於過去所累積的一切事物，我們就會在不知不覺中被埋沒在堆積物中，動彈不得。

想要挑戰人生，真正地活著，就要分分秒秒重獲新生，開拓命運。身心都必須維持在無一物（空）、無條件的狀態。丟掉的東西越多，生命就會越豐厚、越純粹。

拋開過去的自己。這個想法很好。

只有忠於自己的人，才會把自己看得很重要，不去突破自己。他們在意社會狀況和世人的看法，只想保護自己。這樣是不行的。我們要抵抗社會狀況和世人。反抗的同時，也必須對抗自己。這非常難，也很痛苦。可能會遭到社會否定。然而像這樣真正的活著，才能找到人生的真諦。

岡本太郎所說的「刪除」，表現的正好是「減法」階段的精神，也就是透刪除磨練自己的強項。這恰好是常識難以理解的部分。

在「減法」階段，應以「令人投入的3個條件」作為工作的取捨基準。也就是下列3項。

**①想做（過程即目的）。**

**②專長（強項）。**

**③令他人開心（利他價值）。**

「①想做（過程即目的）」就是前面提過的「做自己喜歡的作業」（作業本身做起來就令

## 圖5　投入的3個必要條件

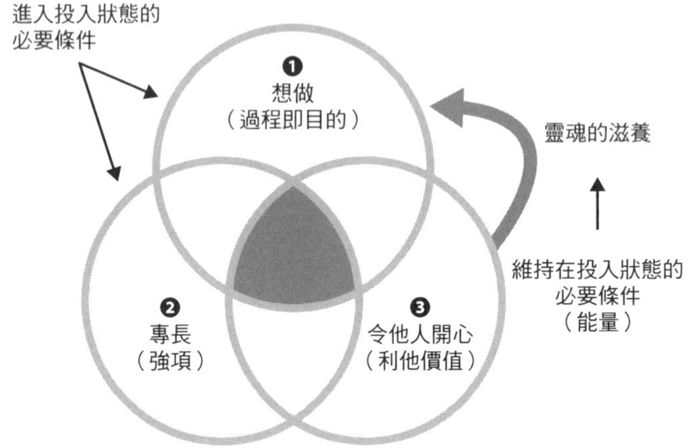


人快樂）」。想一想「玩轉世界瘋很大」的例子就可以理解。

「②專長（強項）」的狀態是指「做自己擅長的事」、「發揮強項」。

①和②是進入心流圖（第25頁）投入區的必要條件。當然「心不甘情不願地做事」和「做不擅長的事」，是不可能投入的。差別就在這裡。

相較於此，「③令他人開心（利他價值）」是「維持在投入狀態」的必要條件。因為為別人而做與讓顧客歡喜（靈魂的滋養），讓我們產生「想做」的動力。不但永遠不會做膩，還會越做越快樂。並且，周遭的人也會認為「你做的事很有價值」而支持你。

就這層意義而言，「心靈的滋養」是讓我們得以持之以恆的能量。

**這3項條件缺一不可，丟掉少了其中任一條件的工作吧！**

全都別再做了，放手吧！

也就是說，從在「加法」階段所增加的工作中，選擇並專心投入**「你想做、擅長且可以令別人歡喜的工作」**。你無法順利調整的工作，就別再忍著做下去。一直忍耐做自己不喜歡的作業，總有一天神情也會流露出這樣的感受。雙眼變得呆滯。做不擅長的工作只是「做不拿手又愛做的事」，無法令人歡喜的工作則不過是「自我滿足」。

若3個條件都滿足了，卻老是半途而廢的話，也會陷入「樣樣通樣樣鬆」的窘境。

**透過刪除法磨練自己的強項以獲得自由**，即「減法」階段。請盡全力想一想，**如何透過段捨離讓自己自由**。

在這之前，我們應該先思考**「何謂自由的工作方式」**。

很多人認為自由的工作就是「隨心所欲地做事」。

但這並不是自由，只是任性罷了。這不同於本書所闡述的「自由的方作方式」。

那麼，何謂自由？

我們從反義詞來思考好了。「自由」的反義詞是什麼？

不自由？束縛？控制？強制？

我認為是**「他由」**（被動）。

自己想做所以去做，也就是**「原因出自於自己」**即**「自由」**。

別人叫你做所以去做，也就是**「原因出自於他人」**即**「他由」**。

即使是別人叫你做的事，只要能接受並主動賦予意義，產生「想做」的念頭，就會變成「原因出自於自己」。在「工作＝作業×意義」的「意義」部分，賦予正面的意義，把工作當作「自己的事」看待，就不會做得心不甘情不願。如此一來，就容易產生**「自由工作」**的感受。

反過來講，只能用「我必須○○（must）」來描述一件工作，就表示別無選擇，因此不是自由，是「他由」。

自由工作的人，會使用「我想○○」而非「我必須○○」的表達方式。

即便是「must的表達方式」，也可以帶有「不禁、忍不住（can't stop～ing）」的意思。

在「減法」階段中，減少「他由」的工作，專注於做「自由」的工作。並且，除了工作之外，也要丟掉妨礙自己處於（趨近）投入區的「他由價值觀」。

因此，從這一章節開始是一系列的「從○○獲得自由」。「常識魔人」看了可能會受到強烈刺激。

**做你想做、拿手、令別人歡喜的工作，成為*「自我中心的利他主義者」。**

* 做自己喜歡的事，並能帶給社會價值。

# 從「穩定」中獲得自由
## 在變遷的時代中，「不變、不動」才是不穩定

若你的朋友原本就職於員工總人數達6萬人的大企業，他告訴你「我換到二十人的新創企業了」，你會怎麼想？

我想有不少人會給予忠告說「好不容易進到大公司，真可惜。新創公司又不穩定，還是離職吧」等。其實我就是這樣換工作，然後聽別說很多次「幹嘛放棄穩定的工作」。不過，我其實不太理解這樣的說法。

而穩定到底是什麼？

我問了他們之後，發現他們所謂的「穩定」，似乎就是表現沉穩、無論發生什麼事都不為所動（不變、不動）。若是這樣的話，我希望大家能思考一件事。

假設有個人搭乘一輛行駛於山路間的巴士。

由於沒有座位了，所以他只能站著。若他站得直挺挺，姿勢一動也不動，那公車一轉彎，他就會摔倒。

一般人為了避免跌倒，會隨機應變保持平衡，讓身體軸心不要歪掉。

在這裡我希望大家想像一下，若有人說「必須增加穩定感」而用水泥把腳緊緊地固定在地板上，你會怎麼想？

你或許覺得怎麼可能有這種人，但認為「穩定是表現沉穩、無論發生什麼事都不為所動」的人，在職場上似乎就會做出這種行為。

有位新創企業的創辦人說過一句話。

「新創精神就是具備強烈的意志，持續改變」。

在環境很少變化的時代，不改變（不變、不動）可以帶來穩定。然而，在變化如地殼變動般劇烈的時代中，越努力不動就越容易摔一跤。

**「穩定」與「不變、不動」不相同**。抱持著**「變化是一種常態」**的想法，將持續改變視為理所當然，才是穩定。

另外，我的意思並不是說在變化動盪的時代裡，大企業不好，新創企業比較好。大型組織若具備「持續改變的強烈意志」，也會比較容易穩定下來，小型組織若不喜歡變化，也容易被淘汰。

有一個明確的標準可以用來判斷一家公司**是否具備「持續改變的強烈意志」**。那就是這家公司是否重視**「不改變的風險」**勝於改變的風險。

典型的不改變的風險，就是工作變得有氣無力，硬撐著做。

若不改變工作方式，持續在「討厭變化的大企業」裡「無力地撐著」，總有一天「不改變的風險」會大到你後悔莫及——保有這樣的敏銳感非常重要。

不改變的風險雖然非肉眼可見，但我們要有這一層認知。

沒錯，這樣就能從他由的價值觀「穩定」中獲得自由。

**不要成為討厭變化的常識魔人，而是成為「將變化視為常態」的「怪咖」。**

# 從「軌道」中獲得自由

## 把離職變成機會

即使不怕改變，或許也會害怕脫軌。

尤其，過去若一直照著既定的軌道升學、就業、升遷，一旦脫離軌道就感覺一切結束、完蛋了。

我換工作幾年後，大學時代的朋友才在聚會上跟我說「有件事到現在才敢跟你說，我聽到你的新公司是樂天的時候，心想**「這傢伙玩完了」**」。這社會真恐怖啊（笑）。

不過，說這句話的人，也辭掉大型銀行的工作出來創業，我們還為此互相吐槽。

另外，我第一次脫離正軌的體驗，發生在大學五年級的時候，當時我司法考試落榜，並開始找工作。

我記得很清楚，當時雖然感嘆「唉，人生脫離正軌了」，但同時也感到如釋重負，覺得「反正已經不會再出軌了，不必再拚死拚活」。

過去，我總是扮演勤奮的資優生角色，擔任學生會幹部和社團團長，大學也是通過推甄錄取，認為生活「必須非常努力才可以」。

因此，對於「不必再努力」這件事感到鬆了很大一口氣。

而接下來我要講的事非常重要，**實際上脫離正軌後，根本不代表玩完了，也沒什麼特別令人困擾的事發生**。

怎麼說呢，感覺就像脫離軌道之後，發現還有別條「路」可以走，找到另一輛「車」的話，還能以媲美火車的速度自由行駛，沒有軌道也不必行經車站。

就這樣，我發現「脫離正軌也能成大器」，因此就算從大企業離職到新創企業，我也不覺得「脫離正軌有什麼好怕的」。

**脫離正軌後，具有挑戰性的工作一定會出現**。

實際上，我與能在組織中自由工作的朋友們聊天後，發現彼此的共通點是經歷過「伴隨著痛苦的轉捩點」，有過「脫離正軌的經驗」。

而我希望未曾脫離正軌的人可以知道「出軌也不會怎麼樣」。

**若有人說「你玩完了」，**
**你應該高興你替自己闢開了一條通往自由的大道。**

# 重新思考「職場老屁股」的問題

你還記得我們在「加法」一章中，探索了努力避免脫離正軌的人的工作動機嗎？他們每天忍耐，只為了不要被罵、不要得到負面評價。他們以為一旦脫離軌道，過去的努力就都會泡湯。他們為了進好學校而發憤圖強、為了進入好公司而努力面試、為了在公司裡出人頭地而拚命。但他們並非真的想變得多了不起，或許只是認為地位越高就越自由。

我們以此為前提來思考一個問題。

你是否覺得「在大型組織裡，有很多不做事的老屁股」？

我記得剛換到新創公司時，很深刻的感受是「這裡一個職場老屁股都沒有。全部的人都很認真做事。真是太棒了！」。

**為什麼大公司裡會有很多不做事的老屁股**？

我要利用「彼得原理」（The Peter Principle）來解釋這個謎團。

這個原理指的是，在以功績主義為基礎的金字塔型組織中，工作表現良好的人會被升遷到更高的職位，甚至升遷至無法勝任的新職位。最後，除了處於成長階段的年輕人之外，其他員工都變得工作差強人意、停止成長，公司被一群「無能的人」占據。除了**年輕員工以外，其他人都落入「平淡無聊區」，成了進入無能狀態的**彼得先生，令人害怕！

啊，對了，「彼得原理」的提倡者是勞倫斯・彼得（Laurence J. Peter）先生，進入無能狀態的並不是他。我只是覺得說起來滿順口的，所以才把變無能的人稱為「彼得先生」（笑）。

而後來，丹尼爾・品克（Daniel H. Pink）重新檢討彼得原理，提出「彼得出走原理」（The Peter-Out Principle）。這個原理指的是組織成員隨著升遷，越來越無法享受工作的樂趣，因此離開組織。由於有幹勁的人皆出走，**組織裏只剩下「平淡無聊區」的人**。

這就是為什麼大公司裡有很多職場老屁股。

我知道彼得原理之後，得到了很大的勇氣。因為那時候的我無法球員兼教練，難以兼顧自己的業務和教育職責，終於在彼得化的當中舉白旗投降。

我當時負責辦理新事業（開辦針對店家的教育事業「樂天大學」），由於剛步入軌道，所以增加了不少員工。我也順勢負起管理的責任。

因為還在起步階段，所以要自行規畫講座內容、提供客戶資訊等，要做的工作多到不行。然而，內部會議、與其他部門的協調、員工管理等管理業務也越來越多，導致我根本沒時間規畫講座。

而且，我根本不懂怎麼管理，老是以「這樣不行」、「能不能再多用點腦」等言語讓團隊成員受挫，導致團隊氣氛越來越糟。

我想改善這樣的狀況，主管的想法也跟我一致，因此當我舉白旗投降說「我希望能規劃講座內容，所以請您找一個可以勝任總經理職位的人來」，主管便覺得「就這麼辦吧」。我不幹了。這是二〇〇一年的事，爾後我的頭銜一直都是「樂天大學校長」，過著沒有屬下的上班族生活。

此次的退出讓我得以從「彼得化」中脫困。

有人聽了這則故事後，問了我一個問題。

## 圖6 為什麼公司裡會有那麼多「不做事的老屁股」？

### 彼得原理

在以功績主義為基礎的層級組織中，
成員會被升遷到超過自己能力的職位。

### 彼得出走原理

組織中的成員，隨著升遷逐漸無法享受
工作的樂趣而出走。

公司裡只剩下處於
「平淡無聊區」的人

「以不適任總經理職務為由中途自動退位，這樣可能會破壞自己在公司的名聲，以至於無法繼續升遷吧。你不怕嗎？」

我不怕。

我再說一遍，我大學延畢讀了五年、從大企業換到二十人的新創公司，這種從光明前程脫軌的經驗，令我體驗到「任何狀況都能克服」。

而且，我喜歡執行工作，以參與者的身分提供有價值的服務，因此一心想要「改善這種令自己焦慮無力的狀況。我也不執著於出人頭地和升遷。

結果，**多虧那時候脫離了軌道，我才能建立基礎，意外地擁有別人眼中「自由過頭」的工作方式**。

努力、執著於不脫離軌道的話，就無法啟動「展開型」人生的開關。**「迷路時，選擇正確的路不如選擇令你雀躍興奮的路」**，我是後來才知道這句話，但以這個觀點來看，我算是做了一個不錯的選擇。

而我在這裡並非想評論「當主管職好不好」。我只是想強調**「不要留戀在自己無法發揮能力的位子上」**。

以不脫離軌道為優先選項，就會變成彼得先生。
覺得自己已經開始變成彼得先生時，就請退位。脫離正軌吧！

**即使在公司無法飛黃騰達，**
**還是可以到公司外「見見世面」。**

# 從「規定」中獲得自由

## 有些規定真的不用遵守

有一天，我在瀏覽公司的每日業務報告。

某部門的新人在感想欄中道歉說「今天由於我沒有好好學習，造成部門很多人的困擾，真是非常抱歉」。我繼續讀下去，想知道究竟發生了什麼事，發現原來是他自覺好的做事方法，違反了該部門的規定。

他寫道「或許我了解還得不夠透徹，但我會努力學習部門傳統的做事方法」。

我看到「傳統的做事方法」時，不禁發出「咦！」的聲音。

他所謂傳統的做事方法，不過是「二年前開始採用的新方法」。

不過，那個部門的成員資歷都比較淺，沒有從二前就待在現在的人，所以才會被誤以為是「傳統的做事方法」。由於二年前的規定已經無法適用目前的狀況，制度僵硬導致無法充分發揮作用。

因此，不知道相關規定的新人主動想出「符合現狀的做法」，卻被告知「違反規定。請好好學習傳統的做法」。

看起來像是一則笑話，但仔細想想，公司內部的規矩還真多。

「為什麼會有這種規定？這樣做不是比較好嗎？」

「規定就是規定。」

「規定的意旨是什麼？」

「規定就是規定。」

「一定是因為這樣才有這種規定，但這次的事不適用這則規定。」

「規定就是規定。」

隨著公司擴大規模，這種令人疲乏的對話只會有增無減。

規定分為**「他律」**和**「自律」**。

他律是指「別人訂下的規定」。「早上九點上班、下午六點下班」、「中午休時時間為十二點到一點」、「禁止發送與工作無關的信件、禁止玩SNS」、「禁止兼職」、「須簽名蓋章」等都是常見的規定。基本上，這些都是「管理者為了管理、控制他人的規定」。

相較於他律，「由自己訂定、用來增加處於投入狀態的時間的規定」是自律。前面提過我們在玩堆疊哆啦A夢的遊戲（第36頁）時，決定「先用手玩玩看好了」，這就是自律。

他律和自律都是「規定」，但涵義完全不同。

若能順利建立「由自己訂定、用來增加處於投入狀態的時間的規定」，就可以少被規定綁住。如果能**在由別人訂規則的範圍內建立自己的規則**，被他律束縛的感覺就會消失。

訂規定的方法也有二種。

**「唯一正解型（必須這麼做）」**和**「界線型（除了不行的以外都可以）」**。

「唯一正解型」沒有選擇的自由，而像高爾夫的界外球概念一樣，只要不出界愛把球打到哪裡都可以的是「界線型」。

在「不安區」感到痛苦的人與在「平淡無聊區」感到無趣的人，喜歡訂定「唯一正解型」的規定。在「投入區」享受工作的人則不會採用「唯一正解型」的規定。無論對自己或別人，他們都是利用「界線型」規定。

以高爾夫球來比喻「唯一正解型」的話，就好比指著球道上的一個點說「請把球打到這裡」。打歪了就會被罵，然後重來。這樣打高爾夫球未免太不開心了。

然而，實際的工作場合中，有很多「唯一正解型」的規定。

為什麼？

恐怕是因為思考「界線」，也就是「區分不行和可以的價值標準」太麻煩了。要想出讓大家都能快樂投入工作的規定，其實很難。設想各種情況，建立不會令人不安或無聊的規定，須要花很大的頭腦成本。

所以，最省事的做法就是訂定唯一正解型的規則，讓大家「必須這麼做」、遵守規定，這樣一來不僅規則好訂也易於管理。不過，由於規定限制了自由，所以人人都變得不主動思考、行動。因為遵守規定、照規定做事就不用花腦筋想。將這種狀態視為「有效率」的人，會訂定更多唯一正解型的規定，讓工作毫無樂趣可言。

而且，不必動腦筋的工作很快就令人膩了，因此容易使人滯留在平淡無聊區。所以，在**充斥著唯一正解型規定的組織內工作，人們會覺得工作越來越無聊**。

因此，一旦發現「為了省事而訂的唯一正解型規定」，就要徹底思考該規定的旨趣和目的。對照組織的價值標準，認為不需要該條唯一正解型規定的話，**就應該打破規定**。以長遠的眼光來看，這麼做才能提升組織整體的表現。

所以說，請訂定「界線型」規定。破除不符合組織目的、「為省事而訂的唯一正解型規定」，建立**「讓我們能多待在投入區的」**規定。

**想訂定界線型規定，請先寫下自己的「NG價值觀」。**

# 從「評價」中獲得自由

## 你有足夠的心理成本，受得了被叫做怪人嗎？

即使工作符合**「想做、擅長且可以令別人歡喜」**等3項條件，足以讓你全心投入，卻也可能發生「做了令客戶高興的事，但在公司卻沒受到肯定」的情形。「令客戶高興的事」並非單指降價等行為，而是要能提供內在價值。但實際上，用客戶不喜歡的方式推銷以提升業績的人，反而獲得更多的肯定。真是令人沮喪到了極點。

這種時候你可以想想**「希望獲得誰的肯定？」**。想得到主管的肯定？還是顧客的肯定？

**答案一定是顧客**。

理由是你已經決定「與顧客共存」。非常簡單。

我可以理解想要得到主管肯定的心情。然而，並非所有的主管都想要「與顧客共存」，

÷ × − +

這是很正常的。在「加法」階段獲得主管的認同非常重要，不過，我們已經進入「減法」階段了。

在魚與熊掌不可兼得的情況下，必須捨棄其中一方。

所以，做了「顧客開心，但主管不開心的事」會怎麼樣？不會怎麼樣，照樣活得下去（笑）。

反過來講，若一心想要在公司裡獲得讚賞，就會被別人的眼光侷限住。

我有一位朋友連年獲得公司的褒揚。他說——起初很開心，但久而久之開始擔心「如果下次沒受到表彰怎麼辦？」，為了獲得褒揚，在工作上把自己逼到極限。終於在沒有受到表彰的那一年，他重新省思「自己為何而工作」，發現自己被別人的眼光束縛住，他轉了個念找到答案「我希望顧客能開心，若沒有因此獲得褒揚也不過如此，若能因此受到褒揚則應該感恩」。

做「顧客開心，但主管不開心的事」的人，大概會被視為**「怪咖」**。

這也是值得開心的事。接受別人說自己是「怪咖」，**就更能做自己想做的事**。然而，很多人沒有「足夠的心理成本」，所以寧願犧牲顧客，也要獲得主管的肯定。

能否把「怪咖」當作讚美，是能否自由工作的關鍵。

「無用之用」是老莊的思想之一。

這則故事的大意是，有個地方長著一棵大樹。由於不適合作為木材，所以人人都覺得它「沒用」、不會想砍伐它，也因此大樹才能活得好好的。最後，這棵大樹成了許多生物的棲息地，也有很多人在樹蔭下休息。

主管覺得「沒用」但顧客認為「有用」的話，就應以長遠的眼光思考，不要被組織的評價綁住。

若「你的主管只注重短期數字好看」，你可能會被當作「怪咖，只會和客戶瞎起鬨，做一堆對提升短期數據無益的事情」，或「再不好好約束的話，會變成禍害的傢伙」。若是這樣，那你就專心致力於栽種長期的成果。

我認為**「今日的業績是2年前的工作成果」（工作時差2年理論）**。會有這樣的想法是因為我所就職的公司上市後，我感覺平日的工作和股價並沒有互相牽動，「自己明明做了那麼多讓客戶高興的事，股價卻沒有跟著漲」。再過了一陣子，終於感受到「二年前做的事，終於引起大眾的關注，股價也漲起來了」。

例如，二年前在合宿訓練中熱烈討論、互相學習的賣家，時至今日營業額大幅成長了三倍、十倍、三十倍，受到社會矚目，像這樣的事情頻頻發生。

親身體驗過，才讓我開始認為「今日的業績是三年前的工作成果，今天的工作成果，將在三年後展現出來」。因此，即使別人說你「不趕快提升數字，不曉得在幹嘛」的話，也不必在意。你只要自豪地想「您們今天收割的成果，是我在三年前種下的」。

讓身邊的人也知道你的想法，若他們能認為**「這傢伙是個怪咖，越不管他做得越好，放手讓他去做吧」**就再好不過了。

就算無法達到這個程度，公司裡面也一定有懂你的人。

**若別人擅於收割，那你就專心播種吧。**

# 從「同意」中獲得自由

## 在組織中也能做自己喜歡的事

若主管認為可以「讓你放手去做」，那你就可以祭出絕招，就是「先斬後奏」。

美國3M公司的行為規範中有一項是**「勿尋求同意，而是求得原諒」（Don't ask for permission, beg for forgiveness）**。

意思是——「全心投入工作的話，很少會造成嚴重的損失。與其為了得到全員的許可而增加時間風險，不如等到做錯的時候再來道歉。所以，不必尋求同意，做就對了」。

當然，也不是所有事都能沒經過同意就蠻幹（一定會立刻被訓斥）。因此，如果想在組織中自由工作，我建議先做公司KPI（關鍵績效指標）以外的工作。

你或許會覺得「咦，不是應該先完成KPI的目標嗎？」一旦公司裡的部門間存在著利害衝突，通常就會演變成「能不能不要插手管我們部門的事？」

因此，若不是KPI的目標，其他部門也不會有太大興趣，以我來講就是類似「與樂天市場的賣家對談」等活動，所以不會有人反對我做的事。不過，做不屬於KPI目標的工作，唯一能確定的就是會被人調侃「他在鬼混什麼？」（笑）。然而，若是「增加與顧客接觸的時間」這種**「不緊急但很重要的工作」**，大多不會遭到指責。若溝通工作是**「為了實踐公司的理念和行為規範」**，那就更無礙了。更容易被放生。

再者，若能藉由多與顧客接觸（與顧客對談），成為「顧客專家」，塑造自己的強項，就能增加自由度。

前面我是站在「哪些工作可以不尋求同意」的觀點來討論，接下來讓我們思考「怎麼做？」

首先來想想**不必花錢的方法**。要花錢就得經過決策，因此非取得同意不可。**金錢以外的資源還有「時間」、「勞力」、「思考」、「顧慮」**。我從發行電子報、與顧客（賣家）對談開始做起。

後來，我希望「由少數人深入探討某個題目」，所以建立了群組電子報（Mailing List，相當於現在的SNS群組）。「想面對面對談」的話，就會在辦公室舉辦座談會。以上的活動都是免費參加。

有一次，有人建議舉辦「合宿訓練」。不過，這是要花錢的活動。我在電子報上問「有人建議舉辦合宿訓練，有人有興趣嗎?」，結果有超過二十個人說「想參加」。因此，我向主管報告說「我已經募集到參加者，希望辦一場合宿講座」，主管聽了之後只說「人都到齊了啊。只要不虧損就好了。」

從這次經驗我學習到**「只要先把客人找來，就能自由發揮」**。因為很多企畫無法在會議上通過的原因都是「不知道賣不賣得出去」。所以，我透過溝通增加玩伴（交情好的顧客），「舉手高呼！」並召集成員，不斷地推動新企畫。

並且，**「不尋求同意直接做」的做法，其實是「體貼主管」的行為**。

讓我們站在主管的立場想一想，主管面對他不瞭解的企劃，卻要做出決定。由於答應之後就會產生責任，因此當主管無法完全做主時，就必須仰賴更高層的判斷。在這樣的過程中，必定會有人說「不清不楚的，先暫停好了」。

因此，為了避免浪費這些時間、勞力、思考、精神成本（顧慮），「在未獲得同意的情況下主動執行，扛下責任」是比較妥當的做法。

湯姆．彼得斯繼《耶！打響自己50招》之後，出版了《哇！發燒創意50招》（The Project 50），他在書裡寫了這段話。

我不想在自己的墓碑上刻下以下怨言。

「我很想做大事，但我的主管不讓我做。」

**思考如何在零預算&未經同意的情況下，做有趣的工作。**

# 從「滿檔的日程」中獲得自由

## 為自己找到「空檔」，一點都不感到無聊

隨著「減法」階段的落實，當我們不再被眼前的工作追著跑，在時間和精神上都會變得更游刃有餘。在「加法」階段的後期，我們會把「想做但沒時間」、「我希望一天的時間能更長」掛在嘴邊，所以進入減法階段後，就好像夢想成真一樣。

然而，儘管很多事情我們想要「等有時間再來做」，但一旦真的有了時間，卻又會突然陷入時間太多的狀態。這恐怕是因為過去總是被工作追著跑，不知不覺中便習慣了「被動（問題處理型）」的工作方式。

而且，若原本滿檔的行事曆變得很空，我們會開始感到不安（越認真的人越是如此）。因為我們會覺得自己不再被需要。

這種時候，我們必須先丟掉「行事曆滿檔的人＝有價值的人」、「很閒的人＝沒價值的

人」的執念。

若無法捨棄這個執念，人就會在有空檔時裝忙。當人敗給不安感，就會用一些做與不做都沒差的瑣事（不做可能還比較好）把寶貴的空檔塞滿，讓自己安心。或是在自己的業務範圍內，提升作業的複雜度、難度並留一手，以為這樣就可以「讓工作變成只有自己知道怎麼做。使自己成為組織不可或缺的一員」。在「減法」階段，我們的目標是，當別人問起**「最近怎麼樣？忙嗎？」**，我們要可以回答**「沒有，滿閒的～」**。

那麼，我們該怎麼做才能接受「閒」這件事？

那就是了解**「閒」和「無聊」的差異**。

或許有人會覺得「意思不是一樣嗎？」

不過，查過意思之後，會發現「閒」指的是「有能夠自由運用的時間」。「無聊」則是「發悶。閒暇太多的狀態」。

沒錯，「無聊」是「擁有太多能夠自由運用的時間（閒暇）」，「閒不等於無聊」。正確來講，「閒人」是「擁有太多閒暇的人」。這麼一來，差異就很明顯了。

重點在於不要無聊地度過「閒暇」，而是充實地享受空檔。

接下來，我要以「悠哉↔忙」和「無聊↔充實」二個屬性組成座標軸，畫分出圖7的工作方式。

有時間且充實的人是**「自由人」**。

忙碌且充實的人是**「企業戰士」**。

忙碌但感到無聊的人是**「齒輪人」**。

有時間但感到無聊的人是所謂的**「閒人」**。

從這樣的角度來看，想要擁有自由的工作方式（左上），「閒暇」是必要條件。

在「加法」階段所經歷的工作方式是不挑工作的「企業戰士」，在「減法」階段則是過濾工作、空出「閒暇」，往「自由人」邁進。不要隨便塞滿「閒暇」，應該將閒暇用來**「磨練自己的強項，把工作當遊樂，盡情投入」**。如此一來，有助於朝下一「乘法」階段前進。

順道一提，我只要看到行事曆一整天都沒事，就會雀躍不已。說我都在想「怎麼增加遊手好閒的日子」也不為過。

我認為這也可以說是**「留白法則」**。這個法則是指**「留有空白，就能用新事物去填滿空**

## 圖7 「閒」和「無聊」的差異

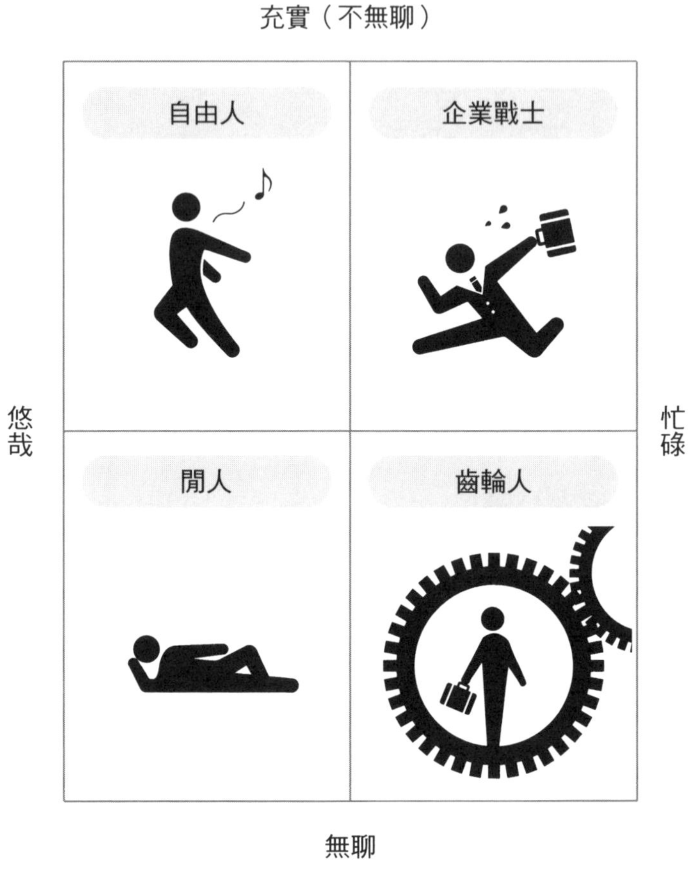
充實（不無聊）
自由人
企業戰士
悠哉
忙碌
閒人
齒輪人
無聊

**白處」**。看似理所當然，不過我曾經有過以下的經驗。

隨著公司人員增加，決定搬遷辦公室。新辦公室是六層樓的大樓，就算全員進駐，連二層樓都塞不滿。

原本我還在擔心「還有一半以上的空間都空著……」，但竟然很快就人滿為患，三年後又必須再搬一次。

有人認為**「課題＝理想－現實」**。

若「課題」是把空間塞滿，那麼當理想與現實的差距清楚呈現在眼前，經營者和員工就會產生共同的意識，想要「努力把空間填滿」。不用我說，這裡指的當然是明確的目標（笑）。

就像這樣，留有空白，就能用新事物去填滿空白處。

另外，我們遷移到新的辦公室之後，也曾經因為公司併購瞬間增加幾十名員工。我從中學習到**「小空白可以用小東西填滿，大空白則可以容納更大的東西」**。

我在其他方面，也體驗過「留白法則」。辦公室搬遷的例子屬於物理上的空間，另一個體驗則是時間的空白（閒暇）。

我剛跨入電商時，電商還處於發展初期階段，我的工作是支援賣家，讓他們把貨賣出去。然而，當時郵件行銷（Email Marketing）盛行，大家對於「能立刻把貨銷出去」的方法感到「驚艷」、趨之若鶩，根本沒有我用武之地，導致我沒事做（笑）。

那個時期，樂天的社長取得日本職業足球聯賽Vissel神戶隊的經營權，我也開始處理球隊的相關事宜。這個經驗儼然應證了「大空白則可以容納更大的東西」。

有了這樣的經歷，每當我有意**「改變情勢」的時候，就會盡量在行事曆上留下大片的空白**。實際上，由於騰出一大片空白，我才能獲得出版邀約、參與橫濱水手足球隊的工作等，多虧「留白法則」讓我有機會大展身手。

**忙不過來的話，就努力製造空檔。**

# 從「角色」中找到自由
## 「看不出做什麼工作的人」，他們的時代已經來臨

二〇〇四年，我一整年都在處理Vissel神戶隊的工作，在樂天市場上籌備「Vissel神戶隊」的網路商店，同時每隔一周就要來回東京辦公室和神戶二地。

駐點神戶的期間，我發現「就算我沒有進公司，也不會讓任何人難做事」。我認為駐點神戶是使我三年後能改採「不進公司的工作方式（彈性工時）」的契機。

並且，我也不再「透過部門名稱和職稱來說明自己的工作內容」。我的頭銜雖然是「樂天大學校長」，但我既沒有在管理樂天大學，也沒有進公司上班，而是籌備網路商店、駐點神戶並透過電子報與日本全國各地的樂天賣家閒聊。

而當十一月底日本職業足球聯賽賽季結束，我回到樂天辦公室遊手好閒的時候，公司的大頭找我談了一件事。

大頭：「明年初要針對賣家發行月刊，你有聽說這件事嗎？」

我：「沒有，第一次聽到這個消息。明年初，快到了不是嗎？年底很忙，會很辛苦喔。這是誰負責的？」

大頭：「就是啊。所以，就交給你了！」

我就這樣被塞了創辦月刊的工作。感覺像是因為我「人不在公司也不會造成公司運作困難」（是福？），所以才會被定位為自由人（公司裡的自由工作者），有新工作就先丟給我。

我的部門和頭銜都一樣，工作內容卻不斷改變。公司名稱、部門名稱、頭銜等「形式」都變得無關緊要，當被問到「你從事什麼工作？」，我的答案變成「主要是與樂天賣家打交道」。

當別人問我的工作內容，而我不提起部門名稱和頭銜時，改變發生了。

我不再會用頭銜差遣他人。雖然我原本就不是這種人，但我的想法更堅定了。

**我開始思考如何在卸下頭銜和消除上下關係後與他人共事。**

第二，我討厭說「那不是我的工作」這句話。因為只要沾上一點關係，我就會「全部當作自己的事」（沒有部門的區分概念）。

而且，我開始覺得會用公司名稱、部門名稱、職稱來介紹工作「內容」的人，不太有魅力。

反而是**「看不出做什麼工作的人」**能夠吸引我。

現在的社會，透過分工促進效率，結果卻產生各種弊害。

以貼近生活的例子來講，有些人換了位子就換了腦袋。有些人昨天才說「可以接受例外」，一旦換了位子就一副理所當然地改口說「無法接受例外」。這或許是忠於自己的職務，但真的很沒格調。

未來是**「看不出做什麼工作的人」的時代**。

由於社會和公司都出現了過度分工的弊害，**因此必須有人肩負起整合分化的責任**。

說到工作方式的整合，有一位網路商店的店長令我留下深刻印象，這位木雕師傅這麼說：「以前我都是和批發商談價格、數量、交期然後交貨，完全沒有與購買自己作品的顧客有任何接觸。開始經營網路商店後，聽到顧客說『謝謝你做出這麼好的作品』時，真是開心。覺得做這個工作的自己非常幸福。」

製造、批發、零售長期分工，許多人在工作中從來不知道顧客是誰，以致於人們感覺「喪失工作意義」。

在「減法」階段中，我們必須脫離職業、業態、公司、部門、頭銜的「框架」，以「價值（怎麼樣的客人會感到開心）」為基準，重新省思工作。

**運用自己的強項，產生新的連結，這就是價值**。

如此一來，工作內容便可跳脫既有分類的框框，讓我們成為「看不出做什麼工作的人」。

若你認為「就算要我成為看不出在做什麼工作的人，但我現在就是每天待在所屬部門認真做事啊……」，那麼我建議你可以即刻做一個改變。

寫email或是交換名片的時候，開頭**不要提到公司名稱**。

我在一本書上看到「打著公司名號工作是糟糕的行為」，因此便把email上的自介文從「您好，我是樂天的仲山！」，改成「您好，我是仲山！」。剛開始覺得非常奇怪，覺得自己好像沒了殼的寄居蟹，感到不安。雖然中間也曾經用回原本的自介文，但與較沒距離感的人交換名片時，我通常「省略公司名稱」，久而久之也就這麼習慣了。

尤其我在Vissel神戶隊工作的期間，由於隸屬多個團隊，所以「省略公司名稱」反而顯得更自然。現在，只要不是重大場合，我都不會在自我介紹時提到公司的名字。而是用自己的名字闖蕩職場。

然而，「不仰賴公司名稱（變自由）」並非單純只要不提到公司就好。我們至少必須理解公司理念和行為規範，並讓主管任認為**「他可以獨當一面，到哪裡都不會讓公司丟臉」**。

這就是**「不打著招牌做事」**的狀態。

**做那些從名片上的職位，無法完全猜到內容的工作。**

# 從「賓客」中獲得自由
## 挑選自己喜歡的「客人」

我們將購買商品和服務的人稱為「顧客」。

不用我多說，除了「顧客」以外，還有很多種稱呼。

包括客群、消費者、主顧、客戶、賓客、客人、顧客、委託人等。

**「目標客群」**是攻略的對象。比較少用來指稱關係良好的對象。

**「消費者」**是使用者。令人感覺有距離感。

**「主顧」**的感覺高高在上。**「客戶」**也有點高高在上的感覺。

**「賓客」**感覺謹慎不失禮。就像日本人常說「賓客是神」。但其實是頗有距離感的稱呼。

**「顧客」**感覺距離就拉近了。不過，比較像是站在賣方與買方的立場進行互動。

**「客人」**則感覺更親切了。就像是充分溝通後，站在平等的立場朝同一方向邁進。

**「委託人」……**我沒有用過，所以不太清楚（笑）。

我個人注重的是如何與更多人以「客人」的距離感進行互動。換句話說**就是挑客人**。

**若是無法培養出這個距離感的人，我就會敬而遠之**。

在「加法」階段，我們以增加「賓客」為優先，但在「減法」階段就不一樣了。留白法則也可以套用在客人身上。減少與「賓客」的往來，留下空閒時間，就能預見更多的新「客人」。

我們與**「客人」之間建立的是扁平的關係**。其中不存在「付錢是大爺」的價值觀。「客人」會認同我們的想法和感受，肯定我們的優點。和他聊天之後，能獲得滿滿的能量——，只要存在著一位這樣的「客人」，就能增加工作的樂趣。若是有三位，工作會變快樂。若是二十位，那工作肯定快樂極了（實際感受度）。

什麼，你不認識這樣的客人？

那真是糟了。代表你還沒進入「減法」階段。請立刻重新回到「加法」階段。

那麼，該怎麼樣才能與客人建立起這樣的關係？

我第一份工作是在大型電機廠商的幕僚部門。在工作上完全不會接觸到購買公司產品

（影印機）的「賓客」，我也覺得這樣很正常。由於銷售業務也由其他公司法人處理，所以也沒有接觸過銷售人員。因此，我感覺「賓客」似乎是只存在於幻想中的生物（？）。話說回來，我其實也沒幻想顧客的樣子。

換跑道到樂天之後，我開始與「賓客」也就是網路商店的店長有直接的溝通互動。當時「賓客」都比我年長（我當年二十五歲），而且擁有比我豐富的網路知識和經驗。並且，我幾乎沒見過他們，不知道到底他們是怎麼樣的人。「賓客」對我而言，根本就是只存在於幻想中的生物。

有一位從那時候就和我認識到現在的店長，對我這麼說。

「你剛到職就在第一封電子報裡說『請擬定營業額目標』，我看了之後心想『哇，來了一個作風強硬的顧問。真討厭啊』。但後來實際相處過後，發現你根本就不是這種人。你只是因為剛進公司，在什麼都不懂的情況下，才會虛張聲勢（笑）。」

因為我沒有自信，害怕自己令人失望或被瞧不起，所以才會虛張聲勢，想把大家壓制在下（真是丟臉）。

在工作的過程中，我與店長們頻繁溝通，透過通電話、電子報、辦講座、舉辦合宿訓練談到天亮等，我獲得越來越多的「客人」。現在，與我有往來的人當中，有八成都是「客人」。其餘二成是「頻率合得來的人」（與氣味相投的編輯共同編製書籍等）。我周遭幾乎不存在著很有距離感的「賓客」。

因此，你是否能不必裝出高高在上的樣子或態度強勢、不用處處求人，而是**能自然地與客人互動（並共生）？**這就是從「賓客」中獲得自由的真諦。

**客人不站在我們上下方或對面，**
**而是和我們朝著同一方向並排前進。**

# 從「金錢」中獲得自由

## 成為「沒錢也能做自己喜歡的事的人」

要擁有多少財富，才能不受錢的拘束？

我是一個幾乎沒有物慾的人。大學的時候向來不會把父母給的生活費花到透支，偶爾也會把打工的錢存下來。我那時候只是單純地認為，不想要在朋友約我去玩，例如問說「要不要去國外旅行？」時，我只能回答「不行，沒錢」。

如上所述，從「金錢」中獲得自由，是指**不必擔心錢的狀態**。

要達到這樣的狀態，可大致區分為「賺更多錢」和「沒有錢也能做自己想做的事」兩個方向。

很多書都有教「賺錢的方法」，因此我在這裡要討論的是**「如何才能沒有錢也能做自己想做的事」**。

就像我在「從同意中獲得自由」講過的，若不花錢也能做自己想做的事，大致上都能自由發揮。

或許有人認為沒錢很苦，但**有時候沒錢反而是好事**。理由有兩個。

第一，**靈感比較容易在沒錢的時候湧現**。如你所知，人在有限制條件的情況下，比在「完全自由」的狀態中更容易想到點子。由於在這樣的狀態下可以看到更多「金錢以外的資源」，所以變成要去思考如何把「手上的資源」組合成新點子。一切都掌握在自己手中。

「金錢以外的資源」包括「時間、勞力（體力）、思考（知識）、顧慮（精神）」。如何運用、組合這些資源作為自己的「強項」，是「減法」階段的核心。若能催生出新的價值，讓更多人產生共鳴並「幫忙」，資源就會變多。如此一來，也會有人「雖然挪不出時間幫忙，但願意提供一些金錢上的協助」。這就是群眾募資的原理。

將「客人的共鳴和感謝」轉換為「金錢」的機制，形成所謂的「商業模式」。

儘管錢很重要，但若能運用強項催生出價值，錢就不再是必要條件了。對此我有過深刻的體會。

我身邊有很多銷售各式各樣商品的網路店家。當他們建立起橫向連結和良好關係，店家彼此之間會禮尚往來，互贈自家的商品。假設花店老闆和肉舖老闆的商品都是「售價1萬日圓，成本5千日圓」。那會發生什麼事呢？

送出成本5千日圓的肉，得到1萬日圓的花。

送出成本5千日圓的花，得到1萬日圓的肉。

也就是說，他們各自「負擔5千日圓，得到1萬日圓的東西。真幸運！」這簡直是活用強項的以物易物。若不是用自家的商品，而是買1萬日圓的東西來以物易物，這樣的模式就不成立。正因為他們都是「專家，可以用5千日圓的成本買進1萬日圓的商品」，各自運用了強項，所以才能產生價值。

我似乎在極力說明一件再理所當然不過的事，但我強調的觀點是，透過**「強項與強項的以物易物」**，即使沒有金錢的介入，我們也能取悅他人，獲得價值。

第二個「沒有錢反而好的理由」是，**由於全部都必須自己來，所以可以「累積知識」**。

當公司規模越來越大、分工越來越細，以「降低成本」為至上的部門，就會開始選擇「外包」。這樣不但無法累積知識，而且還會產生「付錢是大爺的」價值觀，做慣「管理外包工作」之後，就只能用職位權力差遣別人。由於有了經費，我們就不會使用「勞力、思考、顧慮」等資源，導致能力退化，形成「受組織束縛的工作方式」。太可怕了。

接下來，讓我們也從報酬的觀點來探討「從金錢中獲得自由」。

從結論來講，我建議**「吃點虧」**。

具體而言，就是**拿比實力少一點的薪資**。沒錯。

若你拿的薪資高過自己的實力，就會無法工作。即使自己在公司裡已經「彼得化」、難以發揮能力，卻也因為深知一換工作薪水就會變少，因此**就必須依附在公司上**。

想保持一身輕盈，就要維持在能爽快放掉既得利益的狀態。

**「擁有多個收入來源」**有助於達到這樣的狀態。

因為擁有正職收入以外的收入來源，就不必依附於公司。

若你擁有**「與其拚死拚活讓公司替自己加薪5萬日圓，還不如透過其他方式額外賺5萬日圓還比較快」**的想法，就能增加選擇的自由。

如此一來，不僅心理上會變更穩定，也能專心致力於為客人創造價值，長期來看，就能降低為錢所困的可能性。

然而，沒有人喜歡一直吃虧，所以我們要**透過「金錢以外的報酬」「賺回來」**。

我還是學生的時候，曾經在國立競技場打工賣啤酒（也曾經去過日本職業足球聯賽的開幕式），打工的薪水是抽成制。當時總共有約二十名打工的學生，業績最高的人，都是會在場中四處走動、聲嘶力竭兜售啤酒的人。

不過，我嘗試過以後才知道，球賽開始後，客人會專心看比賽，所以根本賣不出去，而且兜售聲音太大聲的話，還會被抱怨「大哥，太吵了」，因此我便趁比賽前和中場休息時積極推銷（邊與客人聊天邊賣的銷售風格），比賽中則跟著靜靜「觀戰」。

我這樣賣啤酒，業績大多落在中間。但是，就我自己的算法來看，我把「足球票」都算進去了，因此我認為自己獲得的實質報酬其實是最高的。

就像這樣，「可以看棒球賽，得到精神上的報酬（快樂）」，站在這樣的立場去思考，即使薪水少一點，也會覺得「賺到了」。

若能理解「透過精神報酬賺回來」的感覺，就更容易進入下一個階段。

這個階段就是**「做2成沒錢賺卻令人雀躍的工作」**

辦得到的話，就能改變情勢。一開始像是玩樂、賺不到錢的閒事，在我們盡情投入的過程中，最後會變成「賺錢的工作」。尤其等進入「乘法」階段後，更容易產生這樣的現象。

## 享受過程，
## 做出比薪水、經費高出十倍以上的成果。

# 從「不擅長的事」中獲得自由

## 培養自己的核心強項

「加法」階段是積極做自己不擅長作業的階段。

「減法」階段的目標則是不做自己不擅長的事，不要造成旁人的困擾，讓別人會說「把這件事（喜歡、專精且樂於做）交給他做就對了」。

到了這個階段，喜歡、專精的工作和不擅長的工作，都與「加法」階段初期不同。我們的狀態已經不再只是單純的任性，而是培養出自己真正的強項。也就是說，**在「減法」階段也要捨棄「加法」階段的強項**。我們必須**「決定要專心發展哪一個強項」**。我們要打造自己的核心競爭力。

就我個人而言，我的主要活動從「行銷、商業」講座，轉換為「團隊建立、人才培育」。乍看之下似乎風馬牛不相及，但「聚焦於人才」這一點始終沒有改變。

成立「樂天大學」作為樂天賣家的學習場域時，三木谷社長的指示是，「我希望能打造樂天版的MBA。由於MBA的核心價值在於學習自主思考的框架，因此我希望你不要著重於電商的花招技巧，而是強調本質上的觀點，例如『人為什麼要買東西？』，針對這類觀點建立完整的架構。」也就是說，社長希望我不要著重數位的技巧，而是聚焦於更人性化的「人的感受」上。因此，我才會想出「為什麼我們對沒興趣的東西會產生欲望？」、「為什麼我們會選擇比較貴的店？」等題目。

這當中，隨著店家生意越來越上軌道，擴增人手之後，有些店長開始煩惱「人和組織的問題」。例如「營業額成長，但只有我自己高興，員工都累得半死，一直辭職」、「沒有人願意提供意見」等。

在與他們對談的過程中，我發現組織的問題到頭來就是「人在什麼樣的情況下會不合群」。這個題目與「人在什麼樣的情況下會不想買東西」只是調性不同。本質上都是在探討「人為什麼會採取行動」，因此只要把行銷觀點轉換為團隊觀點，就有很多可以互通的部分。

所以，建立「聚焦於人」的學習內容，發揮熱情與賣家進行實際的溝通，就是我的「核心競爭力」。

在「加法」階段，我認為第一份工作所學到「法務」知識和在樂天學到的「網路行銷技巧」是我的強項，但到了減法階段則產生了變化。我毫不留戀地割捨掉那些「非核心競爭力的強項」。

建立起核心競爭力，就算你不做自己不擅長的工作，旁人也會感到開心。

找到自己真正的強項，凸顯自己。

**人餓了就會吃飯，以這樣的感覺，去探索讓你不自覺想越讀越多的領域。**

# 我脫離了「沙丁魚電車」，自由自在

我討厭排隊。討厭塞車。不喜歡人多的地方和車站。而最討厭的就是沙丁魚電車。

不過，在東京上班，通勤就一定會搭到擠滿人的電車。

我剛進入樂天時，是走路或騎腳踏車上班（公司推動住家靠近公司的文化）。但後來公司搬到六本木辦公室，就變成要搭車通勤。早上為了避開尖峰時刻，我刻意提早二小時到公司。別人或許會以為我充滿朝氣，但其實我只是討厭電車擠滿人。不過，下班一樣會遇到人潮。當時我只是默默地想「如果不用搭沙丁魚電車就好了」。

後來，我在二〇〇七年成為「可自由兼差、自由選擇上班時間、工作內容自由的正職員工」，便很少再擠電車了。

我經常被問到「該怎麼做才可以跟你一樣？」，但我認為這只是因為我因緣際會下透過減法觀點，**「不再做大家都在做的事」**所帶來的結果。

接下來，讓我們回顧一下在「減法」階段有哪些要割捨的事項。

- 從「穩定」中獲得自由（放棄不改變）
- 從「軌道」中獲得自由（放棄出人頭地的仕途）
- 從「規定」中獲得自由（放棄控制他人）
- 從「評價」中獲得自由（放棄想要在公司內獲得肯定）
- 從「同意」中獲得自由（放棄想要得到主管讚賞的玻璃心）
- 從「滿檔的日程」中獲得自由（不再以為越忙碌就顯得自己越重要）
- 從「角色（公司名稱、部門名稱、職稱）」中找到自由（不再只做本分內的工作）
- 從「賓客」中獲得自由（不再把客人當作數字）
- 從「金錢」中獲得自由（不再以為「沒錢就做不到」）
- 從「不擅長的事」中獲得自由（不再拚命克服弱點）

回顧上述事項，「不做大家都在做的事」，其實就只是**「避免去人多的地方」**。「不做大家都在做的事」，情勢就會改變。就像脫離「擠滿人、動彈不得的泳池」一樣，**建立順其自然的展開型人生**。

我身邊有很多「順其自然，拓展事業的人」。就我的觀察，他們都具備一個共通點。

那就是**「浮著」**。

這個字有兩個含意，一是若被障礙物卡住就會沉在底下動不了，另一個則是「在人群中浮起來而顯眼」，感覺「突兀」的意思（笑）。

若我們把時代潮流比喻成川流，那若沒有浮在水面上，就無法乘風破浪而去。想要浮起來，必須**變輕盈**（割捨）和**不要戀棧**。攀附組織和依賴其待遇等，受到束縛後就浮不起來了。

我有次心血來潮，想知道日文「障礙物」的漢字怎麼寫，查了之後才發現是「柵」。意思就是「為了阻擋水流而打樁，或以樹枝和竹子堆疊起來的屏障」。所以，築起水柵就無法順流而行。畢竟這是擋水的工具。

也就是說，扼殺自己、遷就他人，讓自己無法在組織中浮起來，就會停滯不前，隨波逐流。**「隨波逐流」與「順流而行」大不相同**，迎合眾人是「隨波逐流」，不抵抗自然發展

（割捨不適合的東西）是「順流而行」。

我為了不抵抗自然發展，所以做了一張對比表，列出自己「討厭、不想做的事情」和「喜歡、想做的事情」。時常回顧並更新這表格，感覺頭腦也被整頓了一次。並且，我把這張表格當作**「自己的使用說明書」**與他人分享，所以有越來越多機會做自己想做的事情，且能避開那些我不喜歡的。我建議空出時間做一張對比表格。

## 不喜歡擠電車，就做和大家不一樣的事。

## 圖8　自己的使用說明書 例：以作者為例

| 討厭、不想做的事情 | 喜歡、想做的事情 |
|---|---|
| • 人潮多、沙丁魚電車、排隊、流行商品 | • 到人少的地方 |
| • 徒具形式的東西 | • 做自己 |
| • 規模過大的組織 | • 小型團隊 |
| • 遵守指示、命令 | • 自主思考、行動 |
| • 下達命令、指示 | • 可以自主思考 |
| • 無法了解整體和現場狀況的工作 | • 可以了解整體和現場狀況的工作 |
| • 公眾演說 | • 觀察人 |
| • 與陌生人聊膚淺的話 | • 與認識的人進行深入對談 |
| • 問題解決、亡羊補牢。挽回劣勢 | • 解決、預防問題，增加益處 |
| • 改正缺失 | • 活用優勢和弱勢 |
| • 決定、達成目標 | • 接受改變，拓展自己的路 |
| • 克服瓶頸 | • 遇到瓶頸時，找沒有瓶頸的地方 |
| • 為達目的不擇手段 | • 選擇方法，享受過程，做出成果 |
| • 當拚命三郎 | • 投入工作 |
| • 一次就能成功 | • 持之以恆 |
| • 只為了自己想做的事努力 | • 努力是為了可以不做自己不想做的事 |
| • 害怕失敗，拒絕挑戰 | • 運用失敗經驗，但不輕易認輸 |
| • 對什麼事都有意見 | • 不懂就說不懂 |
| • 例行公事、仿照前例 | • 做沒有做過的工作、開啟新事業 |
| • 例行性會議、請示 | • 有問題就當場解決 |
| • 不是非自己不可的工作 | • 讓眼前的工作消失 |
| • 缺乏變化的穩定 | • 持續改變的穩定 |
| • 被說「很正常」 | • 被當成「怪咖」 |

減→乘

進入下一階段前的

# 必備清單

## 必備項目

□令人享受工作的3個條件（想做、專長、令他人開心）

□自由的定義……（原因出自於自己）反義詞是「他由」

□彼得原理、彼得出走原理

□曾訂定「為了獲得自由的規則」

□具備「被當作怪咖的心理成本」

□曾經在沒有許可的狀態下工作

□留白法則（留有空白，用新事物去填滿空白的經驗）

□與客人之間保持扁平的關係

□遊刃有餘，足以做2成「沒錢賺卻令人雀躍的工作」

□製作對照表，列出「討厭、不想做的事情」和「喜歡、想做的事情」

## 不必要的項目（必須拋棄的物品）

□「隨心所欲就是自由」的想法

□「不改變就是穩定」的想法

□「照正常軌道走就是成功」的想法

□「在公司內獲得名望就是成功」的想法

□行事曆塞好塞滿

□只能用公司名稱、部門名稱、頭銜做自我介紹

□薪水高過自己的實力

□「和大家一樣（多數派）才會感到安心」的想法

# 階段3

# ×

# 乘法

## 獨創與共創
## 與職場夥伴享受工作

# 「漂浮」起來，就會有好事降臨

我想你已經在「減法」階段，跳脫「工作的嘗試」，讓自己變輕盈，利用多出來的時間、精神，磨練出自己的「核心競爭力」。當你具備卓越的優勢，你就會成為令人稱許、有個性的「怪咖」，從眾人中脫穎而出。

具體而言，當我們浮出水面、凸顯出自己並順流而行，就更有機會遇到未來的夥伴。

為什麼？

讓我們將水流比作河川。假設各組織裡有許多與自己價值觀相合、有趣的人，若大家都像現在一樣被綁住、困在水底，就會各自沉在不同的深度，難以遇見彼此。

當大家各自在「減法」階段，擺脫組織的束縛、浮起來，就能浮出水面，往兩旁一看，對彼此打聲招呼說「你好」。

圖9　「浮起來」，就能遇到更多志趣相投的人

你好！
水面
被「組織的常識」和「束縛」困住，就會各自沉入水底，難以遇到彼此。
「浮出」水面，就更有機會遇到價值觀相投的自由人。
河底

也就是說，**若自己成了顯眼的怪咖，自然就能認識其他顯眼的怪咖**。現在這個時代，多虧有SNS，讓我們更容易遇到志趣相投的人。

無論在哪個領域，達到某個水準的人才看得到「真理」，這一點是共通的。因此松下幸之助、鈴木一朗選手、技術很好的職人、優秀的學者，才會說出同樣的話。

而達到「真理」境界的人遇到彼此時，或許會驚嘆「啊，這個人散發著和我相同的氣息」。

這或許叫做共鳴或同步性（Synchronicity）。所以，突破某個層面，無論你要或不要，自然就會遇見那些令自己產生共鳴的人。

在「乘法」階段，與這些人組成團隊，讓彼此的強項產生綜效，創造出新的價值。

乘法階段也是「共創」的階段，在這個階段也會有人開始問你「我們很需要你的強項，要不要一起做事？」邀請你加入他們的團隊。

在此同時，我們仍應繼續提升自己的強項，讓自己的「多項優勢產生相乘效果」。具備多項專業、讓各項專業成為自己的強項，產生加乘作用，形塑稀少性（獨一無二性），成為「獨創」的存在。當強項的輪軸越來越多，我們就更有機會與不同的人共生共創。

那麼，讓我們進入「乘法」階段吧！

## 充分運用自己的多項優勢

### 「蒲公英的絨毛理論」

首先，我要從「充分運用運用自己的多項優勢」這個「獨創」的觀點談起。

我在前一章中說「要磨練自己的核心強項」，在前面的階段之所以不建議「培養多項強項」是有理由的。我的理論是「蒲公英的絨毛理論」。

我認為**「當過第一並成為唯一」才是「真正的唯一」**。

有一句話說「每個人生來都是獨一無二的」。所言不假，但我們不能仗著這句話，就對自己不顯眼的強項（「加法」階段的初期狀態）感到滿足。

首先，我們必須在某個領域精進、形塑自己的核心強項，讓自己成為該領域的佼佼者。判斷一個人是否為佼佼者的標準，就是「說到〇〇，就想到他」（我稱為「插旗狀態」）。成為某領域的第一之後，發展其他強項，形成相乘作用，**就能成為「絕無僅有的存在」**。

在尚未建立主軸（不專精）的時候，就分心學習其他領域，只會令人變成半桶水、遜色無比。用圖呈現這個狀態的話，就像蒲公英的絨毛形狀，因此我稱之為**「蒲公英的絨毛理論」**。

以樂天這家公司為例，由於三木谷社長原本在銀行業工作，因此剛創業時，常常在訪談中被問到「樂天也會提供金融服務嗎？」。然而，他總是回答「我們的目標是成為電商領域的第一名」，令剛進公司的我印象深刻。

「說到電商就想到日本規模最大的樂天市場」，得到這樣的評價後，才開始併購其他公司，將觸角延伸至旅遊、金融等服務。

有一個方法可以測量自己的專精度，或得到啟發、讓自己更上一層樓。這個方法就是去讀「已經達到真正唯一境界的人」的書，看看是否能將其中富含真理的內容，轉換為自己的體驗。

例如，《本田宗一郎「每日一話」——渴望「獨創」的男子漢哲學》這本書，就是基於本田宗一郎的經歷，寫成366則哲學（真理），因此我們也可以將之套用在自己的經歷上。

## 圖10　運用自己的各項強項：蒲公英的絨毛理論

❶在主軸領域中達到專精。

❷專精之後，再發展其他領域，產生綜效。

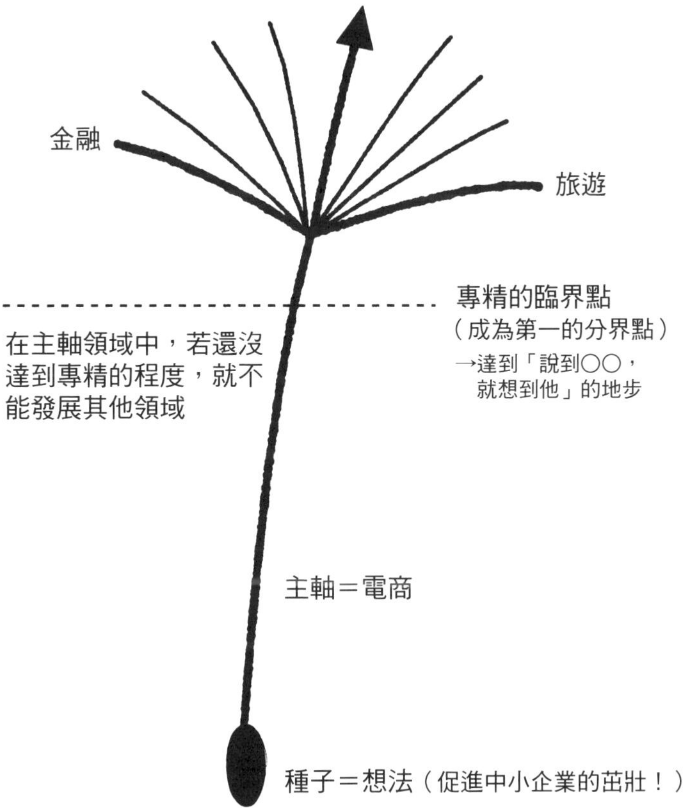
金融
旅遊
專精的臨界點
（成為第一的分界點）
→達到「說到〇〇，
就想到他」的地步
在主軸領域中，若還沒
達到專精的程度，就不
能發展其他領域
主軸＝電商
種子＝想法（促進中小企業的茁壯！）

×

能套用的項目越多，我們就會更有自信。除此之外，可以看「彼得杜拉克名言錄」這種內容充滿實質性的書，或者與自己作風相近的人的書，讀起來比較好懂（不嫌棄的話，就是這一本！）

讓我們再回到「運用自己多項優勢」的主題上。

就像超賣座書籍《創意，從無到有》（經濟新潮社）裡所寫的一樣，**新創意是「舊有元素的重組」**。若本身具備各項專業，就能進行組合。強項越多，組合就越豐富，而三強項的組合也比二項更具稀少性。

我認為增加專業領域的模式有二種。

**中樞轉動式**和**走步式**。中樞轉動式是改變身體方向時，不移動重心腳。走步式式移動時，雙腳一起動。

我個人是屬於中樞轉動式，將主軸定在「聚焦於人」上，從行銷到人才培育、建立團隊、工作方式等，慢慢增加專業的主題。並且，由於法律和足球也可以包含在「聚焦於人」的主軸中，因此我很容易將這些領域都串聯起來。

所以，蒲公英的絨毛理論與中樞轉動式的調性較相合。
整理出可以用哪些材料可以用來讓「自己結合各項優勢」，接下來就是思考如何組合。

**閱讀「每日一句」或「名言錄」類的書籍，置換為自己的體驗。**

# 與他人切磋，擴展自己的知識

在「乘法」階段中，最典型的活動之一就是**與他人切磋**。除了可以讓自己的強項進化到可通用於其他組織，也有助於發展其他新主軸。

就足球比賽來講，主場和客場在環境、觀眾、身心壓力上都不一樣。

若**在客場也能發揮自己的優勢，表現亮眼，那就是真實力**。

反過來講，若一直在主場取暖，就無法成為真正的強者。以公司來講，就像老是在做些主管歡心的事。

在足球中，若總是把「主場的環境打理至完美狀態」，那到了客場之後，只要草長得稍長一點，就會表現失常、不適應變化。

我個人印象最深刻的切磋經驗，是被派去協助日本職業足球聯賽「Vissel神戶隊」處理工作的時候。

三木谷社長成為Vissel神戶隊的老闆後，請我去「做事」，因此我便飛往神戶。他們為我在Vissel神戶隊的辦公室擺了一張桌椅，我向辦公室人員一一打招呼，但他們似乎忙著為開幕式做準備。

狀況外的我看看四周，想知道「有沒有我能發揮強項的地方」，最後發現了幾項周邊商品（沒有電商平台），所以我照正常流程，向樂天市場申請了註冊賣家帳戶的資料。收到申請書之後，我在上面蓋上「克里姆森集團（Crimson Group）董事長三木谷浩史」的印章，收件人則寫「樂天的三木谷浩史」，用傳真寄出這封「三木谷給三木谷的文件！」。

雖然我在樂天工作，但從沒有自己經營網路商店。有一位跟我一樣喜歡足球的樂天後輩問我「要不要幫Vissel神戶隊做個網站？」，所以我們就一起設計網站，在二周後的二〇〇四年三月九日正式在樂天開店。

我請Vissel專門負責周邊商品的人員擔任網路商店的店長。由於我想展現店長的特質，而他的名字剛好有個*「芝」字，所以我幫他取了個綽號叫「足球場店長」。我自己則叫做羅勃特（因為我喜歡《足球小將翼》裡面的羅勃特本鄉）。

---

* 在日文中意指草皮。

之所以會想要取綽號，是因為我的強項並非「製作刺激消費者購物慾望的網站」，而是「透過網路與客人溝通，拉近彼此的距離」。

所以我先思考的是足球俱樂部事業的特質。客人買的並不是周邊商品這個「製品」，而是因為喜歡「Vissel神戶隊」、「〇〇選手」及「足球」，所以才會藉由購入周邊商品的行為，獲得某種形式的快樂，也就是他們買的是「愉悅的心情」。

若是如此，拚命推銷「製品（物品）」並沒有意義，我們必須販售「快樂」。

所以我的目標是讓客人領悟到一個價值，即「這個周六最值得做的活動不是睡覺、打高爾夫、看小說、去迪士尼樂園，而是看足球賽」。

基於這樣的想法，我想出各種網路商店的企劃。

當時最有用的方法就是利用贈禮企劃，讓參加抽獎的球迷變成電子報的訂閱者。因此我開始想什麼東西適合當作贈品。

那個時候，俱樂部裡有綽外號是King Kazu的三浦知良選手，和土耳其帥哥選手伊爾漢（Ilhan Mansız）。

因此，我確定用「Kazu的簽名制服」和「伊爾漢的簽名制服」作為贈品。另外，我也想要利用其他東西吸引這兩位選手以外的球迷……，我看了看四周，目光停留在一顆用過的棒球上。這是上一季的比賽用球。

我向相關人員問了一下。

**仲：**「比賽結束後，你們都怎麼處理比賽用球？」

**員工：**「有時候會給贊助商，但大多都會送到練習場。」

**仲：**「怎麼會，這可是很寶貴的東西！能不能給我二顆開幕戰的球？」

**員工：**「可以啊，你要幹嘛？」

**仲：**「一顆用來當贈禮企劃的贈品。另一顆拿來讓不想等抽獎的球迷競標。」

**員工：**「哦。哇，聽起來不錯。」

因此，我把「上場選手的簽名開幕球」也加入了贈品中。

結果，後來這項「比賽用球贈送＆競標活動」變成定期舉辦的超人氣企劃。

我想，在與其他人切磋交流時，我的強項就是**「素人視野」**。有些人長期待在一個環境中，將身邊事物視為「理所當然」、感受不到其價值，我則可以察覺到「客人會喜歡這個」並提供給客人。這樣就能創造出很棒的價值。

我把過度適應一個環境而失去價值意識的狀況稱為「**無感症候群**」。我自己也在不知不覺中罹患「無感症候群」，察覺不到事物的價值。

**素人視野的有效期限大概只有半年左右**。所以，關鍵在於趁還有新鮮感的時候展開行動。

讓我們再回到開幕戰的贈禮企劃。

活動重點在於如何增加電子報的讀者。

而且，這次主要是想吸引原本的「球迷們」來參加抽獎。因此若像一般網路商店一樣，只在網路上宣傳的話，曝光度太低了。若想抓住球迷的目光，「直接沿用網站（電商）的手法」一定會失敗。

為了將電商的知識運用在現實中（體育館），必須**調整抽象度，創造新的手法**。

也因此，我特別留意到**「差異性」**。

由於足球俱樂部會吸引「觀眾到場」，因此必須好好利用這個機會。我在開幕賽的現場分發「印有QR碼的廣告單」，宣傳贈禮企劃。這是Vissel神戶隊首次採用這樣的方式。

由於當時那個年代還不流行QR碼，因此我擔心印上去也沒有什麼迴響。所以，我又開始思考「怎麼做才能讓怕麻煩的人也可以輕鬆參加抽獎？」

為了促使球迷立刻行動，我在宣傳單上面加上了這幾句話。

- **利用中場休息時間或在回家的電車上就能抽獎，不參加嗎？」（場景建議）**
- **「把握今天參加」（期限效果）**
- **「一分鐘完成」（告知簡便性）**

最後，共有超過四千人參加抽獎。

這是一個完美個開始。我進一步運用了電商的知識。

後來，我開始經營電子報。以足球場店長和羅勃特對話的方式撰寫內容。經營不久後，收到球迷這樣的回饋。

「Vissel神戶隊的電子報太好看了。相較之下，其他公司的電子報超無聊的。想梗一定很不容易吧，請繼續保持這種搞笑路線」。

「自從我開始訂電子報之後，周邊商品就越買越多，真是困擾（笑）」。

看到這些評語，足球場店長很開心能得到「心靈的滋養！」。

最後，我經營一年的網路商店後，周邊商品的營業額整體（球場商品部＆網路）比去年增加了二．五倍。其他日本職業足球聯賽的球隊紛紛開始問「（球迷小貓兩三隻）的Vissel，為什麼網路商店可以賣那麼好？」（爾後也有越來越多球隊在樂天市場開店）。

就像這樣，與他人切磋的目標之一，是體驗到**「自己認為稀鬆平常的事，在他人眼裡看來或許一點都不平凡」**，也就是自覺到自己的強項。

而我與他人切磋後的實戰成果，就是融合「足球×電商」。藉由結合專業的「行銷（電商）」領域和自己喜歡的「足球」，發展出蒲公英的絨毛（獨創性）。

世界上有很多人「有足球產業的實務經驗」或「有電商的實務經驗」，但若成為「在足球產業中有電商實務經驗的人」，就能大幅提升自己的稀少性。若日本足球協會（JFA）或日本職業足球聯賽需要「電商人才」，我應該會是他們的最佳人選，光是這麼幻想就令人雀躍不已（等待錄取通知中）。

**想透過「素人視野」創造價值，獲得成功體驗，那就出走吧。**

# 與他人切磋，和不同的人分享相同的資訊

**與他人切磋的過程中，還有其他精進能力的方法**。就是與不同的人分享相同的資訊。

我在Vissel神戶隊的時候，也挑戰了網路商店以外的工作。由於有人建議我針對櫃台人員和一軍選手舉辦類似樂天大學講座的活動，因此我便辦了「讓自己的魅力倍增十倍的方法」講座。由於有些選手有在經營部落格，所以我以樂天大學商務系列講座的架構為基礎，針對足球人重整了內容。

例如……，你有聽過「malicia」嗎？

這是葡萄牙語，日文中沒有能與之應對的譯詞，硬要翻的話，大概就是「智慧的狡詐」。

「狡詐智慧」的例子包括，

- **故意犯規讓比賽暫停，趁對手大意時候進攻。**
- **分數領先，但時間剩沒多少的時候，假裝要進攻實際上卻是在拖延時間。**
- **盤球的時候，臉朝右，出其不意地把球傳向左邊（No Look Pass，不看人的傳球技術）。**

就像是「出其不意」或「做對方討厭的動作」。

若說得抽象一點，則狡詐智慧就是**「站在對方的角度思考，發揮超越對方預期的力量」**。這種時候，必須揣測對方的感受和想法，想出凌駕其上的方法。

將這樣的思考套用在商業上，即**「擁有超乎顧客期待的智慧（出其不意），發揮創造感動的力量」**。

很會做生意的網路賣家，都是很會運用「生意狡詐智慧」的達人。他們會做到以下這些事：

- 回答顧客的問題時，也會提供其他對客人有用的資訊。
- 回覆客人訂單時，會提到客人過去買過的東西，讓客人知道賣家「記得他」。
- 在包裝時，偷偷放入贈品。

因此，我告訴他們，在足球方面具備「狡詐智慧」的人，只要把握情景轉換的訣竅，也能在商場闖出一片天……。

就像這樣，將抽象度提升至看清問題本質的程度，探討**「人為什麼會展開行動」**，即使聽眾從網路賣家變成足球選手，也可以利用令對方易懂例子成功分享知識。如此一來，我又發展出「商業×足球」的蒲公英絨毛，往前邁進一步。

後來，Vissel的下級組織（國高中球隊）的教練也對講座產生興趣。

因此，我舉辦了針對青少年選手的「動機維持講座」。由於過去三年我都在研究教練式領導（coaching）、心理訓練等，探討「人類的動機」，因此終於有機會可以展現成果。

以前在樂天大學舉辦講座時，都會注意盡量用「國中生也聽得懂的話來講」，但實際上面對國中生的聽眾、被問到「樂觀是什麼意思？」時，讓我學到「真正的國中生比我想像的還要厲害！」。

託他們的福，此後我在編寫成人的講座內容時，也會使用較有深度的用語。我改善了「教學方法」，掌握「簡明易懂的表達方式」，磨練出自己的強項。

我大幅調整「動機維持講座」的內容，在樂天大學針對賣家開辦「動機管理講座」。後來固定開班的「團隊建立課程」，即是從該講座的內容衍生出來的。

就像這樣，「與他人切磋」可以增加自己的專業領域（蒲公英絨毛蓬鬆的部分）。

在「乘法」階段，與他人切磋是不可或缺的活動。

**把現實中的國中生當聽眾，分享職場上的故事。**

## 隨心所欲做法

# 開創「展開型」人生

在「乘法」階段中，順流而「行」也很重要。讓我們繼續深入探討第1章討論過的「展開型」的人（第74頁）。

展開型的典型模式如下，

- 工作很投入、開心，卻開始對目前的處境感到不自在。
- 偶爾有關係不密切的人（交情淺的人）跟自己聯繫。
- 通常沒有機會持續參與自己「有興趣的世界」。

因此，展開型要掌握以下幾項要點（展開型人的7大法則），

①保持在投入區中，不要忽視不自在感。
②時常用嘴巴或在社群網站上分享「自己想做的事」。
③若有信任的人請你幫忙，請說「好」或「沒問題」。
④不要太執著於興趣。
⑤思考情勢改變的「意義」。
⑥感到困惑時，選擇令自己雀躍而非正確的路。
⑦收支平衡（感到有價值）。

前面提到的「協助Vissel神戶隊工作」的經驗，完全符合展開型的模式。讓我將實際的經歷，套用在「展開型法則」上來檢視。

二〇〇三年左右，電商事業加速成長，我們已經找出增加樂天市場營業額的必勝模式。賣家們也認為照這樣的模式走就萬事OK，但原本和他們「一起討論如何解決問題」的我，卻因為沒事做而開始覺得無聊，這是**【①保持在投入區中，不要忽視不自在感】**。

這個時候，我在看電視時突然看到新聞在報導「三木谷浩史成為Vissel神戶隊老闆」的新聞。我一個人在房間大喊「哇塞！」。這是我所憧憬的日本職業足球聯賽。是我進入樂天後受到的最大衝擊。

不久後，剛好公司舉辦總經理級人員的合宿訓練，晚餐時，三木谷社長恰好坐在我前方，因此我舉起手，主動說出我的希望。

**仲：**「我熱愛足球。我想去神戶！」

這就是**【②時常用嘴巴或在社群網站上分享「自己想做的事」】**。

**三：**「我不會派樂天的任何人過去。」

聽到社長這麼說，我相當失望……。當時的Vissel神戶隊隸屬三木谷社長的個人公司，與樂天沒有資本關係。所以不會派樂天的人員過去也是意料中的事。

但是，半個月後的二〇〇四年二月十六日（一）早上，秘書打內線電話來說「社長有事情交代」。

**仲：**「是，什麼工作？」

**三：**（眉開眼笑）「我要幫你實現願望。」

**仲：**「！？」

三：「明天出發去神戶。待一～二個月。」

**仲：**「神戶！？我願意！」這是**【③若有信任的人請你幫忙，請說「好」或「沒問題」】**。

**三：**「就交給你了。」

**仲：**「不過……，要去做什麼？」

**三：**「Vissel好像為了準備開幕忙得不可開交，你去幫忙一下好了。就是這樣。」

因此，我隔天下午便抵達新神戶車站的月台。

由於沒有在樂天發出人事命令，所以就立場上而言，是「非正式的協助」。而樂天同事的感覺應該是「仲山那傢伙臨時翹班了」吧（笑）。

或許會有讀者認為「熱愛足球的人進日本職業足球聯賽工作，這個劇情太完美、太老套了。一般人根本不能比」。去神戶之前的我，也是這麼想的。

不過，請放心。故事並沒有那麼簡單地發展成快樂結局。

二〇〇四年十一月，日本職業足球聯賽賽季結束，在我剛好可以喘口氣的時候，突然又被丟了創辦賣家月刊的工作（第166頁）。

儘管我覺得「唉，又是跟足球無關的工作」，但連抱怨的時間都沒有，就開始忙了。這是**【④不要太執著於興趣】**。

我認為這一定是來自上天的訊息，要我活用在Vissel神戶隊所磨練的「強項」，也就是「了解店家的立場」。若是如此，我也能坦然接受在這個時機下所發生的改變了，這是**【⑤思考情勢改變的「意義」】**。

以此想法出發，我決定哪些事「不要做」。也就是，我不在月刊上刊登「樂天想說的內容」，而是提供「店家有興趣知道的資訊」。具體來講，就是不要刊載樂天的告示和與服務相關的文宣。

店家有興趣的內容是「其他店家都在做些什麼」，因此我希望月刊的內容以店家的訪談為主。這是編輯的基本方針。

實際上，公司內部有很多人請我幫忙「刊登新的服務」，但我都告訴他們「等有案例的時候再告訴我」，這是**【⑥感到困惑時，選擇令自己雀躍而非正確的路】**。

並且，若只把這項工作當作是交差（他由的工作），實在有點可惜，因此我希望將之轉換為自己「想做」的工作。

因此，我轉了個念頭想「被硬塞了創刊的工作。那正好。就當作是〇〇的機會吧」。**「那正好」這句話具有神奇的魔力，**其衍伸出來的想法，**可以把負轉正，**而非只能把負變成零。

我基於此產生了二個想法。

一是「那正好，趁機提出避免掉入價格戰的方法」。

如前所述，當電商市場進入成長期，就會有越來越多店家為了提升營業額而打價格戰。我在Vissel神戶隊與他人切磋時，就已經出現依賴促銷和減價刺激銷售的弊害。因此，我希望透過介紹不依賴削價競爭，生意照樣響叮噹的店家，讓賣家知道「除了削價之外還有其他選擇」。

另一個想法是，「那正好，趁機把第一線的現況報告給三木谷社長」。那時候樂天開始積極採用管理階層，處於社長與第一線中間的管理階級中，有越來越多剛進公司不久、不認識賣家的人員。因此導致管理階級以上的會議，大多都是數據分析報告，很難將「店家的現況」上呈給社長知道。因此我認為藉由與店家的訪談，讓大家認知到削價競爭的弊端，以及分享店家如何擺脫削價競爭的困境，做出「賺錢的好生意」的案例，是有意義的。

自創刊起三年後，三木谷社長笑著對我說「那本冊子我在廁所花五分鐘就看完了，再做厚一點好了」。因此，月刊的頁數從24頁增加到48頁。店家也高興地會給予「我有在看喔」、「那個店長好強喔！」等評語。這就是**【⑦收支平衡（感到有價值）】**。

所以，回顧這一段歷程，剛好符合展開型人的七大法則。

就像這樣，雖然我所盼望的「足球之門」沒有開啟，但當我走向另一扇開啟的門，最後仍得以透過展開型的作法，向前邁進一大步。

若執著於做自己喜歡的事，就無法順勢而「行」，因此我覺得這樣也很棒。

**別想太多，試試展開型的7大法則。**

共創的做法②

# 分享自己的「目的、動機、價值觀」

在「乘法」階段中，我們要繼續強化自己的強項，與夥伴合作，「結合自己的強項與他人的強項」。也就是進行所謂的**「共創」**。**共創成功與否的關鍵在於「團隊建立」**。

團隊建立的第一步是提高「心理安全感」。

Google做了一項名為「亞里斯多德計畫」（Project Aristotle）的研究，希望知道績效特別優異的團隊有哪些共同點，實驗得到的答案是「心理安全感」。

該計畫在執行之初，假設促使團隊績效佳的原因為「領導者具備領導才能」、「團隊成員關係良好」等，但卻發現根本不是這樣。即使領導者不具備領導才能，團隊照樣能順利運作，就算成員間感情不好，團隊一樣能表現傑出。

Google經過多年的研究，最後發現原因是「心理安全感」。也就是說，**成功團隊的共通因素是，團員之間能夠安心地說出自己的意見**。

不僅是共創計畫的成員，社會上大部分的人在組織中，還是會察言觀色、因顧及他人感受而憋著心裡的話不說，因此在大部分的情況下，**「加深彼此間的理解，確保心理安全感」**是建立團隊的第一步。

團隊建立中，難度最高的即是透過併購等方式，重新結合原分屬於不同組織的人員。就我在這方面的經驗而言，印象最深刻的還是融合「Vissel神戶隊×樂天」的組織文化。

當公司老闆換人做，員工通常會感到憂心，不確定「以後會變怎樣？」。況且，Vissel神戶隊原本是由神戶市區公所的人員所經營的公司，現在突然由幹勁十足的新創企業老闆接手，企業的價值觀也可能產生一百八十度的大轉變。

所以，我心想「Vissel神戶隊的員工或許會因為聽不懂老闆在講什麼而困惑吧。不如我來拉近企業間的文化差異好了！」，並針對員工規劃了「『三木谷浩史是怎麼樣的人？』講座」。我以三木谷社長的創業故事為架構，介紹樂天的理念（目的）和行為規範，以及「各種與三木谷社長有關的資訊」。

例如，三木谷社長有時說變就變。若沒有仔細觀察，就會覺得「老闆反覆無常」而感到不安。我在這裡會運用一個公式，也就是

## 判斷＝價值觀×接收資訊

我在講座中提到，我長期觀察三木谷社長後，發現他是「不會違背自己價值觀的人，之所以會改變判斷，是因為接收到新的資訊（看到的東西）」。仔細聽他在朝會上的發言，就會了解「原來社長是因為在國外出差時看到新的東西，才會改變判斷」。如此一來，我也不會憂心忡忡。

其他員工跟著用這樣的思維去思考之後，開心地告訴我「謝謝你讓我們知道這一點，真的很有用！」

就像這樣，**「分享目的、動機、價值觀」**是催生出「心理安全感」的方法之一。

若不了解共創夥伴的動機、目的及價值觀，你也不知道自己該說出幾分真心話。

就算彼此聊過再多次，也不會有所進展，因此主動分享目的、動機、價值觀非常重要（在「減法」階段進行）。

與別人分享時，基本上要保持**「若他人無法接受自己的目的、動機、價值觀，也不能勉強他們」**。

我在樂天時，主要的目的是希望「建立電商文化」，思考如何讓更多人認識、了解「Shopping Entertainment!」。協助Vissel神戶隊作業時，聽到三浦知良說想要「把足球變成一種文化」，因此我將自己在Vissel工作的目的設定為「展現足球與俱樂部的價值與魅力，建立足球文化」。我把這樣的想法告知Vissel的同事，他們也覺得「很棒！」，因此我們在網路商店的頁面上方，加入文宣「Football is Entertainment！讓足球成為一種文化。享受足球生活。」十四年過後，在我寫這本書之際，這句話依然放在網頁上面。

**「建立文化」的目的和動機是所向無敵的**。有助於與其他同行形成共創的夥伴關係。如字面所示，讓我們走到哪裡都沒有敵人。

想在「乘法」階段享受共創的樂趣，就要從事「建立文化」的工作。

並且，共創失敗的典型例子，就是彼此都只想搶對方的客人。我沒見過帶著「他的客人如果跑來我這邊，我的營業額就會增加了」的想法，又能共創成功的案例。共創的關鍵始終是「強項與強項的相乘作用」（非加法式的合作）。

以「建立文化」的角度思考工作，

**即使無法理解，也請繼續思考。**

## 共創的做法②
# 暴露自己的「凹處」

尚未「建立起自己強項的人」，由於還沒達到「乘法」階段，所以難以與人形成共創關係，但有些人即使已經具備強項，也不容易做到共創。

這些人就是「沒有自覺到自己的弱點，或刻意隱藏弱點的人」。

**共創的訣竅是「暴露自己的凹處」**，我這麼講你可能會感到意外。不要隱藏缺點，透露「自己的弱點」可以增加彼此的心理安全感。卸掉故作聰明的盔甲，建立起彼此可表現出弱點的狀態，**才有機會聽見發自內心的想法，進一步磨合**。

若拼圖中的每一塊拼圖都凸出來而沒有凹進去的地方，就無法組成完整的拼圖。

具備共創體質的人，大多認為**「弱點是為了讓自己有機會運用別人的優點而存在」**。很多人為了彌補自己的弱點，勤奮不懈、硬撐著做自己不擅長的事，但這是在「乘法」階段中，當你「確定沒有人專精於某件事」時，才要祭出的最後手段。

或許很多人不願意表現出自己的弱點，但弱點夠清楚，別人才有機會說「你做不來的話，這方面我還行，需不需要幫忙？」積極凸顯自己的弱點，問問「有沒有人會？」，才更有機會與他人建立共創關係。

不要努力彌補弱點，而是持續磨亮自己的優點，才能成功進行共創。再也不必掩蓋自己的弱點。**順其自然即可**。

Vissel神戶隊的網路商店，產出幾次電子報之後，就出現「內容豐富度不夠的問題」。因此，我告訴其他部門的人說「內容不夠，可以幫幫忙嗎？」，他們接爽快說「好！」。

多虧有廣告宣傳部門添加了「賽前通知」、「賽事快報」、「足球訓練營」等資訊，電子報的內容才會變得如此豐富，而不是「全部都在介紹商品」，況且，廣告宣傳部門也深知增加電子報讀者的重要性。如此一來，我們也更容易舉辦跨部門的活動。

後來，有一次小學生足球訓練學校的工作人員告訴我「希望更多人可以知道我們有在教足球，但沒有管道……」。

我問「可以去參觀嗎？」他回答「歡迎！」，後來我們也將參觀後的新奇心得，刊載在電子報上。

這些經驗讓我學到，**當我們主動表露自己的弱點，別人也就不會掩藏自己的弱點**。

還有一次，足球場店長說「沒有新產品可以賣了～」，辦公室的幾個人就開始討論「要不要在網路商店上推出一些有趣的產品和服務？」

突然，我們想到「在賽前推出球場導覽行程」的點子。

有了這個想法後：

**營運部門：**「可以喔。行程內容這樣，你覺得如何？」

**業務部門：**「我來導覽。名字就用Mr.Red好了，全身穿紅色衣服。」（↑他叫赤井）。

**團隊：**「最後，讓沒有上場的選手上場，製造驚喜！」

**全員：**「哇，這個不錯！」

就像這樣，我們迅速規劃好企劃，推出球場導覽行程。而且，這還成了每次都立刻銷售一空的超人氣企劃。

這個例子就是讓別人知道自己沒東西賣了，表現出弱點，催生出「共創」的經驗。

**若想建立共創關係，就不要故作聰明，即使被當笨蛋，也要展現出最真的模樣。**

## 產生綜效的「瀑布法則」

「乘法」階段若進行順利，可以產生綜效（相乘效應）。但若只是集合了一群人，也可能完全達不到綜效（這樣的例子比較多）。

**怎麼樣的狀況會產生綜效，又怎麼樣的狀況無法達到綜效？**

以下是我自己的體驗。

這個例子發生在網路賣家進行合宿訓練的期間。二〇〇一年我們以「虎穴」為名舉辦了三天二夜的合宿訓練，主題為「探討如何讓營業額增加十倍」。二十三名學員來自各行各業，每家店的營運階段也不一樣，營業額從每個月數十萬日圓到數百萬日圓都有。有經營者也有上班族。

不過，儘管業種和營運階段差很多，但由於大家同在樂天市場經營網路商店，因此有共通的話題和語言。而且，更因為全部學員來自不同行業，所以能坦誠布公地暢聊。

大部分的賣家都是一個人在坐在電腦前工作，因此能與其他賣家聊聊經驗，是很寶貴的經驗，可以獲得許多啟發。大家珍惜所有能對談的時間，一分一秒都不想浪費。

訓練的成果，就是產生了化學反應，讓很多店家的營業額提升十倍以上。學員之間在電子報上介紹彼此的店，讓其他人知道自己「認識了有趣的店長」，舉辦聯合抽獎活動時，也會一起想「暗號」，招呼彼此的熟客，建立共建關係。覺得成效不錯的我，又接連辦了第二期和第三期的虎穴合宿訓練。

二年過後，虎穴訓練的學員中，有越來越多賣家的月營業額超過1000萬日圓。因此，有人建議「還想參加合宿訓練。希望下次將資格限定為月營業額1000萬日圓以上的店家」。由於很多人贊成，因此我便開始著手辦理。

然而……，訓練的**「氣氛卻完全不熱絡」**。

為什麼？

以前沒有限制「營業額規模」的時候，營運階段較低的賣家，會向階段高的店家請教「做法」。假設回答這個問題的賣家是A先生。當A說「我們是這樣做的」，與A先生在相同營運階段的B先生在一旁聽到之後，就會心有戚戚焉地說「原來如此，真是學到了！」，在合宿中經常出現這樣的情景。

然而，將學員資格限定為月營業額超過1000萬日圓後，情況變了……，學員彼此間認為「我們在做的事，大家也早就在做了吧」，因此沒會主動參與對話。最後導致合宿訓練中的對話量大幅降低。

**之所以會有水流，是因為有高低落差**。有高低落差就能形成瀑布，沒有高低落差就會變成沼澤，寸步難行。高低落差也是促進雙向溝通的關鍵。「選擇團隊成員」時，也會落入一樣的陷阱。

我將這個道理稱為**「瀑布法則」**。

自那次以後，我沒有再企劃過「分級研修」的活動。若目的是要有效率且明確地傳授某個階層所需的知識，那分級研修或許可以派上用場，但是，我辦活動的目的在於「產生相乘效應，引發化學反應」。

而高低落差並非指建立上下的階級制度（hierarchy）。反而與之相反，我們不做區別，不認為營業額較高的賣家比較強、經營網路商店較久的人比較厲害或經營者比較偉大等，**建立扁平式的關係**非常重要。

由於學員間具備多元的強項和經驗，所以會形成落差，為了彌補差距，就會產生熱絡的溝通，這就是「瀑布法則」的真諦（「留白法則」的好朋友）。

就像這樣，我透過虎穴合宿訓練，學到「如何打造能產生綜效的團隊」。重新整理後，這個方法就是：

- **成員多元化，有共通的話題，**
- **使用共通的語言溝通，**
- **建立橫向關係，引發化學反應。**

這麼想的我，後來看到一本書的內容時，著實嚇了一跳。

這本書是糸井重里寫的《網路式》（合作社出版）。

他在書中寫道網路式的本質是**「連結、共享、扁平」**。

我心想「這不就是虎穴合宿嘛」。「建議橫向（扁平）關係（連結），分享資訊（共享）」。

不知不覺中，透過多次實際的合宿訓練（辦了二十一期），我練就了「網路式」的團隊建立功夫。這個經驗後來也讓我培養出「打造團隊」和「引導」（facilitation）的強項。我持續學習共創的作法，增加蒲公英的絨毛。

總之，當陣容堅強但溝通量卻沒有增加時，我建議可以先用「瀑布法則」的觀點來觀察周遭的人。

**建立團隊時，要讓不同類的人建立扁平式關係，共享資訊。**

# 如何突破化學反應產生時的混亂

成員間產生「心理安全感」，提出彼此的意見，坦誠布公的最後，就會發生意見相左的情況。這是引發化學反應時會產生的「健康的混亂狀態」。

想要擺平這樣的混亂，必須丟掉「我是對的，別人是錯的」的想法。因為很多時候是**我是對的，別人也是對的**。

造成每個人產生不同想法的原因不外乎三個，即**「所見不同」**、**「價值標準不同」**、**「兩者皆不相同」**。

以「所有成員都是對的」為前提展開對話，讓造成差異的原因消失，這就是團隊建立。

這麼說或許有點在玩文字遊戲，但**「差異不過是對方的理解和自己的理解『之間有落差』」**。

若是如此，那麼所有人都是對的，**成員間只要調整「落差」即可**。

磨合彼此的想法和價值標準，當找出「適當的距離」，就是「團隊」誕生之際。

雖然我現在懂得這個道理，但過去常常忽略這一點而失敗。

其中一個經驗就是「樂天賣家月刊」的創刊計畫。

選定編輯的夥伴後，我便希望開始運用彼此的強項，製作充實的內容。然而，卻從這裡開始與編輯的工作夥伴產生激烈的爭吵。

因為我看了店家的訪談稿後，覺得「這樣的內容不能用」。

訪談稿的開頭如下：

實體店面的業績下滑。為了打開網路通路，我決定在樂天開店。由於我是電腦白痴，經過一番苦學之後，終於搞定網路商店、開店。但哪知我心裡的期待竟落空，天天都沒人下單。儘管有過短暫的意志消沉，但之後在一個契機下，重新有了幹勁。我犧牲自己的睡眠時間、努力經營，最後終於開始把東西賣出去了。有一天，下單量暴增。就算我熬夜寄件還是趕不上出貨時間，陸續收到不少客訴。我重新檢討後勤制度，提升工作效率。我將月營業額的目標設定為1000萬日圓，努力賣到達成業績。

下個月更提高業績門檻，將目標設為3000萬日圓。我們拚命促銷衝業績，終於達到目標。但攤開財務報表一看，卻是大賠錢。因此我重新檢討什麼是「自己想經營的生意」。改變經營模式後，一開始雖然業績大幅下滑，但卻增加了很多死忠客戶，創下最高收益紀錄，我現在很快樂地在做生意。

你覺得怎麼樣？你可能覺得這是一個好故事。它確實是一個好故事。編輯夥伴說「他在訪問時深受感動」，所以寫出這篇稿子。

那為什麼我覺得這樣的內容不能用？因為，「很多店家都經歷過相同的事」。也就是說，我的編輯夥伴從訪談中擷取出的這段內容太常見了，「流於俗套」。

由於當時我還沒學會「共創的作法」，因此演變成「這篇稿子不行」、「不會啊，你說說看哪裡不行？」的激烈爭執。

造成落差的原因在於「我們所見的參數不同」。

現在回想起來，我們雙方都是對的。只不過對我而言最重要的是「那家店與其他店的差異性在哪裡？」雙方觀點和標準不同，卻沒有進一步溝通協調，才會發生這樣的悲劇。

可是，當時的我沒有去分析原因，只會發脾氣說「不要再講了」、撤掉原本的內容，並要成員「換成這一篇」。跟以前剛升上主管的我一樣，不斷地糾正成員。

不過，與過去不同的部分是，我第一次感到「自己無法一肩扛下所有的工作」。任憑關係繼續惡化，也會影響工作。有所覺悟後，我便開始與夥伴溝通。雖然無法立刻百分之百滿意，但經過幾次採訪後，他終於了解我所謂「流於俗套的部分是哪些」，我第一次感覺我們是一個團隊。

從那個時候起，我捨棄了「我是對的，別人是錯的」的想法。

**我是對的，別人也是對的**。我體悟到，共創的作法就是**「持續溝通協調」**彼此的觀點和價值標準。

**意見相左時，就告訴自己「我是對的、他是對的，所有人都是對的」。**

# 結合團隊打造與行銷

談完「共創的作法」，讓我們繼續回到「獨創的作法」，介紹夥伴們如何運用自己的專業領域，創造出新的價值。

二〇〇七年我與組織研發專案的主持人長尾彰先生共同籌備了「團隊建立計畫」。剛與他認識的我，公司從二十人大幅擴編至數千人，全程經歷了「組織的生長痛」，因此對於打造團隊具有獨到的見解，但卻苦惱於不懂體驗式教學法。所以長尾先生說「我有在舉辦體驗型學習課程，也就是透過類似遊戲般的活動，讓參與者運用身體，在團隊合作和領導能力方面獲得啟發」。

他這麼說的時候，「喀」地一聲，我彷彿聽到拼圖凹與凸的一面合起來的聲音。

後來經過100小時以上的討論，我們規劃了三個月的課程。

課程好評不斷，連續舉辦了九期。

有越來越多夥伴（樂天賣家）一起學習做生意（行銷）和團隊建立，在熱烈地討論中也提到**「做生意最棒的還是跟客人組成團隊」**。

「與客人組成團隊」的概念結合了團隊建立和行銷，我們打造了一個三個月的實踐計畫，將計畫命名為「團隊建立式行銷」。

三重縣木苗店「線上花之廣場」的店長高井尽是學員之一，他表示：「我們公司想要成立『檸檬樹社團』。」

**仲：**「什麼是檸檬樹社團？」

**高：**「就是大家一起種檸檬樹的社團。加入社團後，就會送一顆檸檬樹的樹苗給社員。社員必須每個月把檸檬樹的成長日記寄給顧問我，並附上照片。」

**仲：**「真有趣。不懂園藝的人也可以參加嗎？」

**高：**「由於我們的理念是享受大家一起種樹的樂趣，所以沒有限制資格。收到成長日記後，我會留下顧問評語，刊登在我們店的網站上。」

因此我們便開始召募檸檬樹的社員。連不懂園藝的我，也毫不猶豫地按下加入的按鈕。

收到樹苗後，檸檬樹社團便正式啟動

同期加入的成員共三十名。看到網站上的成長日記，大家種得很順利的時候，內容大概都是「開花了」或「好像長出果實了」等，顧問也會給出「很棒喔」等正面的評語。而若是樹苗生病或出現害蟲，社員就會附上照片說「糟糕，好像遇到麻煩了！」，而顧問則會提供解決方法，告訴社員「這種害蟲叫做〇〇，要用這種方法除害」。

並且，他們也不定期發送「檸檬樹社團電子報」。當很多社員訝異於花開而果實卻掉落時，他們就有寫過「你知道『結果』與『成果』的差異嗎？」，內容大致如下。

植物長果實叫做「結果」。植物必定會結果。

然而，若嚐起來不好吃或太小顆，雖然可以說「結果了」，但卻不能稱之為「成果」。「成果」應該是指種植者的期待實現於結果中吧。不要急著結果，請耐心等待成果的出現。

看到這樣的電子報內容，社員應該會感覺「檸檬社團真是有深度！」、「園藝真是一門深奧的學問！」，而變得更有興趣。

檸檬樹社團也在臉書上開設群組作為「社團教室」。建立群組後，溝通量大增，每個人的投稿底下都有100則以上的留言，非常熱絡。有人發問時，若顧問沒有看到，就會由對園藝有深入了解的社員來回答並提供解決方法。

比較熟的社員，甚至會相約聚會。

有一次，某位社員在群組上傳照片後，其他社員就問「這個盆器好時尚啊。哪裡買的？」，該社員則回說「是在顧問的店買來的套盆」。看到這個回答，很多人都在底下說「我也想要！」同樣地，一旦有人說「我在顧問的店買了肥料」，也會有很多人留言說「我也要！」

看到這種情形的顧問體悟到「啊，這就是社群購物（Social Shopping）吧。『好康道相報』就是這樣吧」。

從顧問經常說的「社員照顧檸檬樹，我則負責讓檸檬社團成長」這句話，就能看出團隊式行銷的氣息。這就是用時間培養感情。

就像這樣，我結合「行銷」與「團隊建立」這兩項自己的專業領域，建立起**「擺脫削價競爭、遠離消耗戰的商業模式」**。

對我而言，感覺就像是讓蒲公英的絨毛又長大了許多。

## 認真思考「與客人組成團隊」的意義。

# 與客戶組成團隊

## 南山陸町樂天展店計畫

就像「檸檬樹社團」一樣，我自己也開始與客人（樂天的賣家們）組成團隊。其中令我印象最深刻的是「南三陸町樂天開店計畫」。

二〇一一年五月中旬是東日本大地震發生過後二個月，辦公室的同事說「有事想找你談一下」，講完後，我便著手開始協助這個計畫的執行。

仲：「賣什麼產品？海產？」

同：「好像沒有東西可以賣。因為漁業還沒恢復捕撈作業。」

仲：「沒有東西可以賣！？」

同：「我們正在討論沒有受到海嘯影響的東西裡，有哪些可以當作商品。有人提出賣煙火的點子。」

仲：「煙、煙火？」

同：「當地每年都會舉辦煙火大會，地方的有志人士認為『今年取消的話，感覺好像輸給了海嘯，所以再怎麼樣都要讓孩子們看到煙火』。我五月二十七日會去當地，一起去吧。還有，開幕日已經定下來了，六月九日。」

仲：「什麼。這樣不是很趕嗎？」

同：「隨著地震發生的日子過去，越來越少媒體會關注南三陸町，最近甚至變成『每個月十一日』才會去採訪。所以，為了趕上三個月後的六月十一日，才會把時間訂這麼緊湊。」

仲：「嗯，怎麼做才能把活動辦成功呢……。對了，讓店家變成我們的夥伴吧！」

因此，我在自己開辦的臉書社團中招兵買馬後，立刻有十位店家報名。

有人懂得規劃整體網站、有人很會製作網頁、有人擅於後勤工作、有人很會想企劃，我召集到具備各種強項的一群人。雖然還有幾個成員在臉書社群中表示「想幫忙！」，但除了人數過多之外，「首次打交道」的關係越多的話，就越難做事，所以我停止徵人，決定採用「已經培養溝通默契的成員」。

我後來只負責告訴他們**「要做些事。分配工作，讓他們運用各自的強項，把工作做到最好」**。

我則與開店業者，也就是觀光協會的人碰面、開會。他們說能賣的還是只有煙火。我們將煙火大會的主題訂為「孩子的夢想煙火——，讓十年後的花盛開吧」。這個主題所包含的理念是「若孩子十年後能想起『那一年大人們努力想要讓我們看到煙火』，他們也一定會努力成為為當地和下一世代努力的大人」。

不過，由於以前贊助煙花大會的當地企業也是受災戶，所以不確定要從哪裡獲得這次的活動經費。所需經費粗估一千五百至二千萬日圓。而我們希望透過網路募到經費。

而南三陸町的成員傾向於「不接受捐款」。這是因為，當時全日本的人都在煩惱「自己能做些什麼」，卻又不知所措，全國處於士氣低落的狀態。

因此「南三陸町的居民才會想要讓大家知道，他們想靠自己的雙腳站起來，而不是靠捐款，希望藉此為全體國民打氣」。不靠金援而是提供價值，建立「等價交換」的關係。意志堅強就是該計畫的「強項」。

然而，雖說是「讓顧客購買」，但也不可能把煙火寄給買家。這不是一般的商品，也不是捐贈。那該怎麼賣呢？

討論過後，我們推出的商品是「不會寄給買家，而是在煙火大會中發射的煙火＋會寄出的紀念商品」。價格分為十萬日圓、一萬日圓、三千日圓三種套組，讓買家可以彈性選擇。例如，若選購十萬日圓的套組，商品內容就是「一發八號煙火。將名字刊登在孩子的夢想煙火攝影集中，並贈送攝影集」。這雖然是群眾募資（crowdfunding）常見的方式，但當時的社會連群眾募資的概念都沒有。

並且，我們還遇到了一個大麻煩。

當時已經有其他團體在沿岸災區進行煙火大會的募款活動，我看他們的網站後發現，從募款活動開始後一個月左右，只募到了兩百萬日圓。

為了募到一千五百萬日圓，網頁就不能做得太普通。我的想法是內容一定要能令人感動才行……，但我人身在東京，對地震災情缺乏深刻的感受，也不知道怎麼拿捏尺寸，才能顧及災民的感受。

那時候，舉手說「我來」的人，是住在兵庫縣的成員。他表示「自己的強項是身為阪神大地震的受災戶」。

結果，他寫出了令我們都深受感動的網頁內容。

網路商店開幕當天是六月九日。

下午三點開賣後，三木谷社長在Twitter上發文說「我買了」，參與該計畫的賣家也透過電子報和ＳＮＳ分享訊息。這些舉動獲得很多人的共鳴，讓消息得以迅速傳播出去。

最後，五天內就賣完二千萬日圓的煙火。購買人數總計達1626人。

這個「成果」是由南山陸町的居民們、購買煙火的買家以及所有人的強項所創造的。

並且，這項活動更讓南三陸町觀光協會獲得認同，獲頒日本經濟產業省主辦的「中小企業ＩＴ經營大賞」審查委員會獎勵獎。

對我而言，這個活動讓我得到擔任引導者的經驗（游手好閒的領導者），不必親自下海，只要專心打造方便成員做事的環境即可。即使是透過線上溝通（遠距），只要方法對了，也能成功打造團隊。

我認為與客人成為夥伴的體驗，也是職場上的深奧的妙趣，希望有更多人能體驗看看。

**自己的團隊做不來的工作，讓我們有機會與客人組成團隊。**

乘→除

進入下一階段前的

## 必備清單

### 必備項目

☐蒲公英的絨毛理論

☐展開型的7大法則

①保持在投入區中，不要忽視不自在感。

②時常用嘴巴或在社群網站上分享「自己想做的事」。

③若有信任的人請你幫忙，請說「好」或「沒問題」。

④不要太執著於興趣。

⑤思考情勢改變的「意義」。

⑥感到困惑時，選擇令自己雀躍而非正確的路。

⑦收支平衡（感到有價值）。

☐與他人切磋的經驗

☐具有神奇魔力的一句話「那正好」

☐瀑布法則

☐連結、共享、扁平

☐結合他人的強項與自己的強項，創造價值的經驗

☐利用自己的弱點去活用他人的優勢

☐與客人建立團隊的經驗

### 不必要的項目（必須拋棄的物品）

☐部門劃分至上主義

☐丟掉「我是對的，別人是錯的」的想法

# 階段 4

÷

# 除法

不受任何拘束的自由工作法

# 避免「乘法」的陷阱

你已經在「加法」階段增加自己的能力、在「減法」階段丟掉常識、磨練強項、在「乘法」階段順勢而行，與別人組成團隊，創造新價值。

我想你現在應該很能享受工作的快樂。

不過，奇怪的感覺又油然而生。

有人問你「我們需要你的強項，要不要一起做事？」，你欣然答應後，卻在不知不覺中發現自己參與了太多的專案，每一個專案都處在半吊子的狀態。自己的強項被「消費」、自己也變得只是在「交差了事」，感到心煩意亂……，這是我們在「乘法」階段中，很容易陷入的困境。

讓我們回顧一下，在「加法」階段中增加工作、在「減法」減少工作、在「乘法」又增加工作。接下來，就像鐘擺盪回來一樣，又進入了減少工作量的階段。這便是「除法」。

就像本書在「前言」中所說的，在除法階段要以除法的思維，對工作進行因數分解，形成「活用強項做一項作業時，等於同時進行多項自己參與的專案之狀態」。

若你最強的是做「5」的作業，「3」的作業也頗擅長，那就只挑「5」的倍數，也就是「50」、「100」的專案來做，回絕「3」的倍數的專案。這麼一來，當你在做「50」的工作時，也能磨練「5」的強項，還能同時執行「100」的專案，產生「統業」的狀態。

多個以上的本業叫做「複業」，英文稱之為parallel work（平行事業）。不過，parallel是指平行的意思。兩條平行線，永遠不會相交。我認為整合複業非常重要，所以不採用平行事業這個字。

為了實現「統業」，要利用「核心強項」將零散的工作（多個專案）串聯起來，並且必須具備簡化整體工作的觀點和程序。

那麼，讓我們邁入「除法」階段吧。

## 「乍看之下毫不相關的工作，其實都是相互連結的」

我開始工作不久後，發現自己不善於處理多線程工作（multitasking）。也就是同時處理多項工作。

由於我天生喜歡專注做一件事，所以同時處理多項工作的話，就會分心。

剛開始我的做事方法非常原始，也就是列出待辦清單，減少「未做的工作」。努力保持在處理單一工作（single tasking）的狀態。

然而，工作接二連三地來，工作量根本沒變少。照我原本的方式來做，就會拖到「不緊急但重要的工作」。尤其更會影響寫書的進度，很可能遠永都動不了筆（確實也是如此）。

因此，**我開始思考如何在處理多項工作時，讓自己「彷彿在做單一工作」**。

那個時候，公司的廣告部人員告訴我「網路媒體請我們幫忙寫連載文章，主題是網路商店經營，你有興趣嗎？」

我心想「這麼剛好，寫書的機會來了」，便答應了。之前我覺得寫書這種事不急，所以遲遲未動筆。而且，一次寫一本書非常辛苦，因此我才會想「網路連載的話，有截稿的壓力，還能產出小篇的文章，之後只要整理整理，就能輕鬆編輯成一本書」（我想得太簡單了吧）。

我總共寫了十二篇連載文章，由於文章得到很多「讚！」數和好評，因此「出版部門的企劃會議通過決議，要把這些文章集結成冊」。

雖然很值得高興，但十二篇文章也不過才半本書，我最後還是邊哀嘆「真痛苦～」邊寫完剩下的部分。

回顧這個寫連載文章的工作，可以發現其實我同時在進行多項工作。

透過寫連載文章，我不但得到了出版機會，也順便更新了講座（演講）的內容。而且，似乎讓樂天以外的相關人士知道「樂天市場裡有許多具有吸引力（有趣）的店家」，有人告訴我「我以為樂天只有促銷和集點活動，完全顛覆我的印象了」，獲得外部宣傳的機會。而令我感到意外的是，樂天的其他事業和研發部門的員工也透過社群網路看到這些文章，與外界的人一樣，他們知道了「原本不知道的事」，達到對內宣傳的效果（難到公司規模越大，透過外部更容易達到內部資訊共享的效果？）。

另外，我也因此得到新的工作。

就像這樣，我試著把工作串聯起來，最後讓自己「彷彿在處理單一工作」。

重點在於**「認識自己所能提供的根本性價值」**和**「以俯視和中長期的眼光，把工作串聯起來」**。

**若不喜歡處理多線程工作，**
**就努力找出不同工作間的共通點。**

# 從「工作與生活平衡」轉換為「生活與工作平衡」

即使我面對看似毫不相關的多項工作時，能以「所有工作其實都相互連結」的態度來享受工作，但還是會有困擾。

久久碰面一次的人經常問我「你現在的本業是什麼？」、「樂天的工作和你自己公司的工作，比重各占多少？」

若我告訴他們「我沒有去區分本業和副業，我做的事全都相互串聯，所以也沒有什麼比重的概念啦～。硬要說的話，主要的工作室跟樂天的賣家打交道」，通常他們都會露出一臉問號的表情。

人似乎偏好以切割的方式來思考世界。

我反而是喜歡思考「連結」的狂熱者，因此或許和大家的觀點不一致。

我希望讓大家知道什麼連結狂熱者，因此要從我大學的畢業論文說起。

題目是「刑法中的因果關係」。

我在論文中提及了下列案例。

被告用臉盆重擊被害人A的頭部，導致A腦出血、失去意識，並將A搬運至材料存放場丟棄。A雖然是因為腦出血致死，但後來查明被害人遭丟棄後，被不明人士以角材毆打頭部。在這種情況下，我們是否可認為被告的行為與死亡結果間有因果關係？

這是有點複雜的案例。

最初被告重擊被害人的行為造成致命傷？還是後來遭不明人士毆打的行為造成致命傷？抑或兩者的行為皆不是致命傷，加起來之後才造成致命傷？不同的狀況，也會讓「行為與結果的相關性」出現不同的解釋。我大學的時候就不不停地想「一個結果包含了很多原因，每個原因的影響程度也不一樣——」（真是陰暗啊）。

多虧有這樣的思考訓練，我出社會後，也會思考「這項產品賣得好，是業務部的功勞？廣告部的功勞？研發者的功勞？靠口耳相傳？還是所有人的努力加起來？」。因此，若你的公司和主管以短淺的目光認為「產品賣得好都是業務人員的功勞」，那麼你就應該「別再想努力獲得公司的肯定」（請參閱「減法」階段）。

讓我們回到原本的話題，「所有的工作都串聯在一起」，擁有這種思維的人，就能看到各種因果關係的路徑。

在現代，每件事背後都有複雜的因果關係。只從複雜的事件中擷取部分資訊，建立「明確的指標」或「簡單易模仿的成功案例」，這樣不僅沒有幫助，還可能引發弊害（達成指標或照成功案例的方式做事，卻一點都不順利）。

**讓複雜的事物保持複雜**非常重要。

但是，**看穿本質，簡化處理方法**才是「除法」階段的作法。

很多人以為「除法」是「切割事物進行解釋」，但並非如此。因為，貪圖自己方便而切割複雜的整體，單純化、分割化後形成「令人以為是工作的作業（無法創造價值的因果關係）」，這樣的作業就好比轉動沒對準的齒輪。

切割型（分割型）的想法，與本書所說的，做一件事就等於讓全部的事情開始運作的「除法」作風，是完全相反的思維。

就我個人而言，「與店家打交道」是串聯所有工作的核心，因此我很享受這個把工作當遊樂的過程。不喜歡複雜的分割型人，聽了之後則會一臉正經的問：「把工作當遊戲？你認真的嗎？」（笑）。

雖然有句話說「達致工作與生活的平衡」（work-life balance），但認為「生活與工作是一體」的人，是無法理解這句話的。

我認為更重要的是**「畢生事業的平衡」**（Lifework balance）。也就是人生當中**可稱為「畢生事業（符合投入三條件的工作）」的活動占了幾成（%）**。在「除法階段，我們的目標是讓畢生事業占整體的八成左右（其餘二成則用來挑戰新事物）。

由於這樣講太過抽象了，因此我將用實際的案例來說明「除法」階段的作法。

**無法切割的工作就不要切割（不要去懂），享受過程。**

# 區分不同的「立場」，運用各種優勢

我有三個職場身分（立場）。

第一是樂天股份有限公司的正職員工。

第二是本身公司（仲山考材股份有限公司）代表董事。

第三是個體經營者。

到撰寫這本書為止，我已經擁有這三個身分長達十年以上。工作時，我會區分使用這三個身分，也就是依照工作的需求，思考應該用哪個立場去做。

如果不是循序漸漸閱讀到「除法」章節的讀者，或許無法理解我說的話，因此我很高興「終於可以講一些具體的話題了」。

我來舉個例子吧（由於內容介紹得較詳盡，所以不妨用加減乘除的觀點去思考）。

這是與岐阜縣政府共同執行的共創計畫。

岐阜縣與樂天原本就訂定了全面合作契約，希望「一起展開各種事業」。我們成立了讀書會「岐阜電商達人俱樂部」，由縣政府工商勞動部的副理都竹淳也先生擔任承辦人，迅速召集縣內的電商業者參與。

我則擔任該場讀書會的講者，針對約100名聽眾進行演講。演講結束後，聽眾立刻散場。我對都竹先生這麼說：

**仲**：「如果是樂天，結束後還會有敘餐和續攤，大家彼此熟悉之後，就會迅速切入做生意的話題，氣氛熱絡。演講結束後就散場，實在可惜了難得的機會。繼續這樣大家很快就會不想來，而主辦者則會想邀請名人來吸引聽眾，不過，由於名人聊的內容很難與聽眾的工作有直接相關性，因此容易導致讀書會的主題走偏，導致讀書會以失敗收場——，這就是典型的失敗模式。」

**都**：「原來如此。那下次開始，我們也告知參加者會後有敘餐吧。」

**仲**：「不過，聽眾人數很多，只辦敘餐還是不夠。我覺得可以組成一個團隊，成為社群的核心。」

都：「社群的核心？」

仲：「由二十個人展開為期三個月的課程，就能加強同期成員的連結。如此一來，他們的熱情也會感染社群裡的其他人。」

都：「就這麼辦吧。看到賣家們開心地交換名片，讓我體認到橫向連結的重要性。我來想想要怎麼做。」

仲：「還有一件事很重要，政府舉辦的演講大多都是免費的，但最好還是改成付費比較好，多寡都無所謂。付費才能吸引真正想聽的人來，且他們為了回本，展開行動的機率會更高。」

都：「的確是這樣。我知道了。」

後來，時機終於成熟。

都：「仲山先生，關於你之前的建議，由於我們今年沒有拿到讀書會的活動預算，所以打算從今年開始把門票票當作營運費使用，你覺得如何？」

仲：「開始籌備吧！」

都竹先生做事迅速俐落。就像新創企業的員工一樣，令我非常歡喜。因此，我只花了○．二秒就「答應」他的邀請。

另外，由於當時樂天與縣政府的合作關係已經結束，因此我是以「個體經營者」的身分參與。當工作需要敏捷性的時候，自由就顯得非常方便。**不必「回公司再仔細想想」**，在講求速度的時代裡，將成為很大的優勢。

我們召集二十名參與者，舉辦「練就電商頭腦」講座。參加資格規定是網路商店業者，而最後來的人全都是樂天的賣家。這個時候，我已經分不清這倒是是樂天的工作還是個人的工作（區別也沒有意義）。

所有成員過去幾乎都沒有橫向連結的經驗，因此認識同在岐阜縣經營網拍的夥伴後，大大促進了彼此的交流。他們會拜訪彼此的公司，在各區域募集新朋友、舉辦讀書會和聚餐。

很快地，他們打響了「岐阜縣積極協助電商」的名聲，使其他縣市政府也前來視察。

負責參與這些事的都竹先生這麼說：

都：「仲山，來視察的縣市政府職員都搞錯了。他們只關心怎麼在網路上把縣市特產銷出去。岐阜縣生意很好的店家，有賣女性服飾，也有貝果，都和縣市特產無關。不過，網拍的客人大多來自都市。就縣政府的立場而言，也只是獲得外部資金而已。我認為縣市政府應以協助縣內的網拍業者為優先。」

仲：「政府的主要任務不是去賣東西，而是協助業者自力更生對吧。我也有同感。」

都：「和你一起共事，聽你說明強項的觀念後，我了解到一件事。政府做這些事業的時候，強項並不是規劃講座內容。」

仲：「沒錯，那是我的強項。」

都：「政府的強項是對縣內企業具有號召力、信用、有場地，而且一旦決定辦理，還能很有毅力地舉辦三年。」

仲：「你說的沒錯。說到三年，等這三年把社群的核心成員訓練到可以自立自強，我覺得活動差不多也可以告一段落了。」

都：「原來是這樣。讓他們學獨立是吧。我懂了。」

群。

就像這樣，我與都竹先生「結合強項」的成果，就是在岐阜縣建立起關係密切的電商社群。

聽到岐阜縣辦得這麼成功，與佐賀縣政府、宮崎縣政府合作展開相同事業的樂天同事問我「能不能幫忙」，我便開始提供協助。三年間來往佐賀和宮崎，為兩縣市各自打造了互動良好的電商社群。

你或許也注意到了，我是以「個體經營者」的身分參與岐阜縣的工作，而佐賀和宮崎的部分，則是以「樂天員工」的身分。雖然工作內容一樣，但計畫和參與人員（立場）都不同（後來我也以個體經營者的身分參與富山縣的計畫）。

就像這樣，「打交道的對象」雖然都是樂天的網拍業者，但我卻能以個體經營者的身分，在不必得到任何人的同意下，從事「新工作」。等新工作上軌道後，再把新工作帶回樂天，以樂天員工的名義去做。

組織規模越大，越難挑戰新事物。不過，若離開組織，只讓少數人參與，又難以把事業做大。因此，**發揮多重身分的強項，活用「敏捷的執行能力」和「組織的營運」來推動計畫**，即可提高成功的機率。

並且，這樣的工作方式或許會令人覺得工作好像變得很多，但其實都是在做「同一件事」。我把團隊建立的經驗和知識運用在岐阜縣上、把岐阜縣的成功經驗複製到佐賀縣、將佐賀縣的成功經驗帶到宮崎縣，再把宮崎縣的成功又帶回岐阜縣。這些實際的經驗也能回饋到團隊建立的講座上。由於成功打造團隊的公司，事業會蒸蒸日上，因此也增加了許多成功的商業案例。

將所有工作都串聯在一起就是很「除法」的工作方式，讓工作變得簡單多了。

另外，我自己的公司（仲山考材）的主要事業，是舉辦講座和線上社群。

**想辦法在職場上不必說出「我回公司再仔細想想」這句話。**

## 進化的上班族？

## 與橫濱水手足球隊簽約

二〇一六年八月，樂天共同創辦人安武弘晃傳了一封訊息給我。

由於平常沒什麼交集，所以有點好奇是什麼事，他寫道「我想介紹一個人給你認識。他提到教育事業和足球，所以我就想到了你。」我做的事讓他「連結了我的強項」，真是令人感動。

他要介紹給我認識的人，經營足球影片網站，當時正在拍攝橫濱水手足球隊的練習畫面，因此我們便約在練習場碰面。

我非常興奮。由於我從小就是橫濱水手前身「日產汽車足球部」的球迷，因此相當期待這次的會面。

在橫濱水手隊中，我只認識一個人。那個人就是和我長期在樂天ＦＣ（公司的足球同好會）踢球，在Vissel神戶也共事過的利重孝夫先生。

在球場上再度碰面後一個月，他為我介紹橫濱水手的老闆長谷川亨先生。我們談了我在Vissel的工作經歷和對團隊建立的想法後，他便邀我「要不要來我們這裡做？」天啊，怎麼會。

**長**：「可以做什麼呢？」

**仲**：「其實我們並不是先決定要做什麼，而是在與成員討論的過程中，找出『我們可以做的事』。」

**長**：「那就這樣吧，來我們這裡一起做。」

像這樣，我都還不知道工作內容是什麼就進公司了。

後來我與利重先生討論工作合約。

**利**：「你要用哪種方式聘用你比較適合？」

**重**：「有很多種可以選嗎？」

利：「正職人員、約聘人員，教練的話就是專業聘僱契約。」

仲：「專業聘僱契約是什麼意思？」

利：「個體經營者與公司簽訂的合約就是專業聘僱。」

仲：「我也有使用個體經營者的身分從事工作，所以也能用專業聘僱契約嗎？我只是單純想告訴別人『我有和橫濱水手簽訂專業聘僱契約』！」

儘管我的動機是這樣，後來利重先生還是說「可以用專業聘僱契約」。**工作內容未定、上班時間自由的專業約聘人員**。連我自己都想說，實際是太奇妙了。

進辦公室後，第一個和我打招呼的人，令我覺得似曾相識。他說他叫「菊原」。什麼！是那個十六歲就成為讀賣足球隊球員的天才控球球員菊原志郎！？難怪我會覺得似曾相識。我一問之下，才發現他卸下球員身分後，曾任青少年足球國家代表隊的教練，現在在橫濱水手負責培訓青少年足球員。其實我前面提過的「做再久都不膩的天才」，就是菊原志郎。

我們聊著聊著，他便問我「我正在訓練一批國中二年級的選手，你願不願意幫他們上課？感覺會滿有趣的。」

因此，我便開辦了每月一次的「青少年講座」。主題包括「對事物的看法與想法」和「團隊建立」。內容基本上與針對賣家所辦的講座一樣。

每次講座結束時，我都會請每一個人發表「今天印象最深刻的部分」，但一開始八成的學員就像鸚鵡一樣，說出來的感想大同小異。雖然在有學員表示「說出自己的意見很重要」之後，他們會用不同的表達方式，但有八成內容都是重複的。而且，他們回答的語氣就像國中二年級的男學生在教室被老師點到名一樣，好比沒有抑揚頓挫的機器人。只有二成學員願意說出自己真實的感想。

到了第三次講座，這樣的情況有了很大的轉變。或許是大家產生共識，知道「不必怕自己的意見與其他人不一樣」、「沉默是思考的時間，所以不用感到焦慮」，開始有七成的學員表達了真實的感想。每個人印象最深刻的部分都不一樣，在知道「原來他是這麼想的」之後，也加深了對彼此的了解。這個瞬間不禁令我覺得很有成就感。

有一次，其他年級的教練也來找我。

**教練：**「仲山，你在國中二年級辦的研修中，都在做什麼？」

**仲**：「咦，怎麼了嗎？」

**教練**：「沒有啦，我問他們『覺得研修活動怎麼樣？』，他們竟然回答『很開心』。他們很少說開心這兩個字，所以我才會好奇到底研修都在做什麼。」

其他教練也開始對研修感到興趣。

不久後，球員培訓中心的負責人找我商量說「我想舉辦商業訓練的研修課程，你可以幫忙嗎？」。我說「做吧！」，因此便規畫了「培訓教練商業管理溝通講座」。教教練怎麼訓練別人，由於實在太狂妄了，所以我把課程稱為「班們弄斧講座」。

看到我舉辦這樣的講座，足球學校的教練也邀我「幫他們的教練上課」。足球學校不同於其下級組織（國高中球隊），是針對小學生所開設的足球課程。因為我說「做吧！」，所以也針對足球學校的教練開辦了講座。這像這樣，在「公司內部的口耳相傳」之下，我開始有事做。

在針對足球學校教練所辦的講座中，除了團隊建立的內容之外，我們也談了「心流理論」（第25頁）。

講座過了，有教練表示「以前只會注意孩子有沒有按表操課，最近開始會觀察孩子們投不投入、是否感到無趣」。並且，由於有教練說「想要趁夏天舉辦合宿訓練的時候，讓孩子們學習團隊建立，所以希望你能提供意見」，因此，我也針對足球學校的小學生，規劃了團隊建立的講座。

講座辦得很成功，因此我們也決定把主題延伸至商業領域。我向足球學校的教練介紹樂天賣家的案例。我跟他們說，好的網路賣家懂得和客人打交道，建立起會賺錢的生意模式，他們聽了之後都表示「我們不懂做生意，但是開始懂得把學校當成自己的『事業』來經營」。

因此我了解到，在專業的足球俱樂部裡，我還是可以結合「團隊建立與商業」，做**「我一直在做的事情」，並受到歡迎**。

當然，商務人士也很願意聽我在講座中分享在橫濱水手隊的經驗。透過這樣的分享，他們可以認知到「原來這樣的方式也適用在職業運動上」，我的工作也越來越順利。

就像這樣，順勢而行，**到最後無論走到哪裡，都在傳遞相同的知識與故事**，這就是進入「除法」階段的感覺。

但這並不是指「對每個人都講同一套說詞」，而是配合聽眾，改變講座內容、引導學員進入課程，調整流程。為了達到這個目的，串聯多個領域的講座內容非常重要。

另外，有一次有人問我「能不能幫我分析電商網站的庫存管理，給我意見」，我拒絕了並說「不好意思，我沒有相關領域的知識與經驗」。若想以最「真實的自我」自在地做自己，**讓別人知道自己的優缺點，不要硬做**非常重要。

並且，就像我結束Vissel的工作後，又接了月刊的創刊工作一樣，我在橫濱水手隊的工作告一段落後，寫書的工作也跟著到來。

**想像「自己與公司簽訂專業聘僱契約」。有機會的話，就簽吧。**

## 「邊緣人」，只會群聚在邊緣

### 在組織中的六個位置

這是二〇一五年的事情。我來到「團隊建立計畫」共同籌劃人長尾彰的辦公室，找他一起討論新講座（引導者型的領導涵養講座）。我們談得非常熱絡，在我離開之前，下一位訪客也到了。我一問之下，才知道原來是人物介紹網站「another life.」要來採訪他。由於聽起來很有趣，因此我便問「若方便的話，我可以一起觀摩嗎?」，對方說「可以」，所以我就留下來聽了。訪談後我們相談甚歡，後來連我也接受了他們的訪問。

他們為這篇報導下的標題是「一路玩的規則制定者。脫離人生軌道所覓得的自由工作方式」（感覺好像是個很失敗的人）。

一年後，看到這篇報導的「Rikunabi NEXT Journal」邀請我接受訪問，他們的報導則是「樂天『自由過頭的上班族』仲山進也，他的『奇蹟式職涯規劃』」。

看到這篇報導的名片管理APP「Eight」所經營的媒體「BNL」，也邀請我接受他們的訪問。由於若是一直講相同的東西也怪怪的……，所以我硬著頭皮問了一個頗失禮的問題。

**仲：**「請問你們對哪一部分有興趣呢？」

**Eight：**「您有提過各種不同事物融合的場所『邊際』，這和我們在媒體平台上所闡述的理念完全相符。」

**仲：**「哦！原來是這一部分啊！」

他們表示，我在Rikunabi的訪談中有稍微談到「來往於邊際間，如觸媒般發揮促進融合的作用，我認為這樣的存在是有價值的，因此也期盼自己能成為這樣的角色」。

由於我希望成為「邊際者」，所以便欣然答應受訪。

「邊際者」是我自己造的詞。邊際者能給出不同的「答案（自己獨特的想法）」，跳脫「常識或正確解答（多數人的想法）」。他們喜歡棲息在變化多端的「邊際」。

採訪結束後，他們寫了一篇標題為「向樂天大學校長・仲山進也學習・成為跨越組織界線的『邊際者』」的報導。

當他們問我「是怎麼做到目前這個『自由過頭』的位置？」時，我告訴他們，組織的「邊際」與我的關係漸漸產生變化，才成就了今天的我。

我將訪談內容整理成以下的**「成為邊際者的6個階段」**。

## 一、中央階段

我成為社會新鮮人後的第一分工作是在一家大企業，那時被分配到事業本部的總經理室工作。離邊際相當遠，反而是較靠近大組織核心的位置。完全沒機會與公司外部的人接觸，面對的都是內部同事。

當時公司有一話說「往資訊上岸的岸邊去」，這句話就像是行為規範。意思是，任何變化和新事物都是在岸邊發生和產生，若一直待在組織核心，就遠永都被矇在鼓裡，我受到這句話的影響而改變了自己的想法。想通了之後，我越來越覺得與其待在無法掌握整體狀況的大型組織中心煩意亂，不如換到可以掌握工作整體樣貌的小公司，因此在因緣際會下，工作第三年便轉換跑道至樂天。

在越大的組織裡，隨著升遷就越靠近組織的「中央」，負責研擬策略和計畫。然而，現場的經驗是創意的泉源，累積經驗才能有更棒的新發想。多看客人展露笑臉，基於「這樣做客人會開心」的想像進行企劃，工作就會充滿「意義」、變快樂。越是位於中央的人，就越要往現場（岸邊）走動。

## 二、創業階段

當時樂天只有二十名員工，正處於創業階段。我們每天的工作就是在組織的外緣與賣家溝通。並與位於中心的三木谷社長保持恰到好處的距離感。

「創業階段的體驗」雖然不是創設公司，但也讓我有機會參與「計畫的籌備」。

## 三、冷板凳階段

隨著組織規模變大，我身兼「球員與教練」的身分，同時位於組織的邊緣和中心（圖11中的橢圓形）。儘管我要負責開會、對內進行溝通協調，管理工作的職責越來越重，但我對這些業務沒什麼興趣，最後終於舉白旗投降。

我選擇脫離擠入中心的軌道，繼續留在邊際當個執行者。

## 圖11　組織內的位置變化

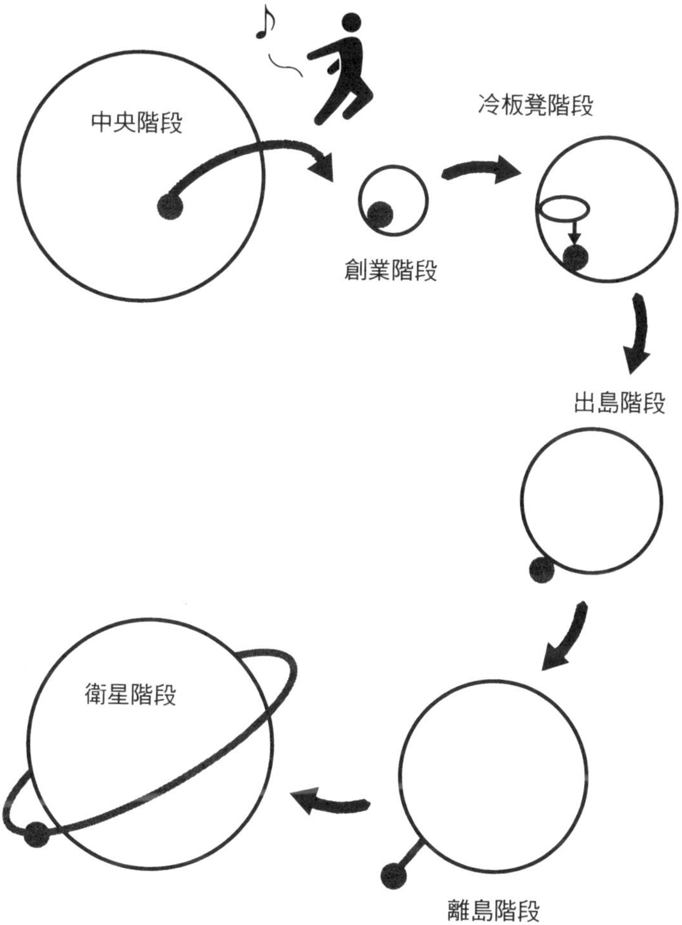

隨著我留在邊際接觸客人，組織規模也逐漸壯大，內部決定祭出促銷和集點活動來刺激營業額成長。我依然故我，追求「與客人打交道的商業模式」，最後終於偏離中央軌道，漂流至有點像是坐冷板凳的位置（從「軌道」中獲得自由）。

**四、出島階段**

坐冷板凳的滋味並不好受（笑）。自己一個人浮出水面，感覺公司沒有自己的容身之地。

人若持續忍受這種沒有歸屬感的狀態，對心理健康也不好。因此，我決定不再努力獲得內部肯定，也不再小心翼翼、顧慮內部的眼光（從「評價」中獲得自由）。

最後，我跑出界外，來到「出島」的位置。在這樣的狀態下，我與客人之間的互動，多過與公司內部的。我謹遵湯姆．彼得斯在《耶！打響自己50招》寫的「與顧客共存」。

**五、離島階段**

協助Vissel神戶隊工作的期間，我必須每隔一周就要來回東京與神戶一趟。感覺就像飛出「出島」，至「離島」單身赴任。這樣的工作模式持續了一陣子之後，我建立起「人不在公司也不會造成公司運作困難的狀態」。這是讓我也能離開組織邊緣工作的基礎。也就是所謂的遠距工作（Remote Work）。

我想，未來會有越來越多的遠距工作，但若想充分發揮這種勞動方式的功能，達到「乘法」階段非常重要。如此一來，不必請長期育嬰假也能在家正常上班。

## 六、衛星階段

「可自由兼差、自由決定工作時間、自由選擇工作內容」的工作型態，使我進公司的頻率越來越低。過去是以電話和email，個別與「打交道的對象」賣家進行溝通，到了SNS和智慧型手機普及後，則是在網路上進行「多對多」的溝通（變得很容易對談）。與全國各地賣家實際面對面工作的機會也變多了。在這個階段，我的位置已經不在公司，而是像「衛星」一樣，圍繞外側轉動。

與店家之間的溝通量，比每天待在辦公室更多。

由於我每天都在社群網站上發布訊息，所以看到貼文的店家，比公司的同事更了解我的活動和想法。

進入「乘法」階段後，也與更多店家組成「專案夥伴」。在與岐阜縣政府合作的共創計畫「岐阜網路商店前進高中」中，賣家與我一起到高中教課，花了一年的時間由高中生自行企劃商品、製作網頁、販售。別人看到我們在職員辦公室討論的情景，甚至說看不出來裡面有「服務提供者（樂天）、樂天的客戶（賣家）及公務員（縣政府職員、高中老師）」，很有團隊的感覺。這個經驗令我體悟到，組織與組織合作時，**先模糊界線才能順利共事**。

**而最重要的是「與誰合作」**。「邊際者」特別適合一起共事。

就像這樣，我與公司組織邊界的關係逐漸改變。

並非所有人都會照這個順序變化。不過，當你看到有人已處於離島和衛星等遠距工作的階段，進而仿效其作法卻無法成功複製的話，就請將「創業」和「出島」等階段當作是前置作業，在過程中逐漸達到「不進辦公室也不會造成別人困擾的狀態」。

自覺身處「冷板凳」位置的人，我建議可以往下一個階段「出島」邁進。

前進邊緣，享受邊緣的混亂。

÷ × − +

# 你的「賣點」是什麼？

## 你是誰？能提供什麼價值？

我在這裡要針對勞動方式提出最根本的疑問，也就是要探索**「你是誰？你的賣點是什麼？」**

我最不知道怎麼回答的問題就是「你的職業是什麼？」，我自認不太擅長做自我介紹，但很幸運的是，接二連三地有人告訴我「我扮演的是這樣的角色」。

第一個人是康乃爾大學（Cornell University）詹森管理研究生學院（Johnson Graduate School of Management）的研究員唐川靖弘教授，他說「你是徘徊不定的螞蟻」。

有一天，唐川教授看到成群結隊的螞蟻在搬運餅乾。他突然注意到有隻螞蟻脫隊在其他地方徘徊。

這隻螞蟻到處遊蕩，發現了一大堆別人沒注意到的巧克力。乍看之下似乎在偷懶的螞蟻，卻發現了新價值、帶來創新。

唐川教授觀察螞蟻而得到這樣的啟發，他比較人類社會中的「勤奮工作的螞蟻」和「徘徊不定的螞蟻」，歸納出下列10點：

1 勤奮工作的螞蟻以「公司」為主場。
徘徊不定的螞蟻以「社會」為主場。

2 勤奮工作的螞蟻看著「高層」工作。
徘徊不定的螞蟻看著「周圍」工作。

3 勤奮工作的螞蟻用「職稱」介紹自己。
徘徊不定的螞蟻因「志向」而讓別人介紹自己。

4 勤奮工作的螞蟻透過「組織」工作。
徘徊不定的螞蟻以「個人」的身分工作。

5 勤奮工作的螞蟻待在「群體」會感到安心。
徘徊不定的螞蟻能享受「孤獨」。

6 勤奮工作的螞蟻「堅守自己的城堡」。

徘徊不定的螞蟻「破壞自己打下的江山，往外走」。

7 勤奮工作的螞蟻追求「人人都看得懂的成果」。

徘徊不定的螞蟻追求「乍看之下難以看懂的成果」。

8 勤奮工作的螞蟻以「贏得勝利」為目標。

徘徊不定的螞蟻以「攜手共創」為目標。

9 勤奮工作的螞蟻害怕「挑戰」。

徘徊不定的螞蟻害怕「不能挑戰」。

10 勤奮工作的螞蟻在工作和生活中找到「平衡」。

徘徊不定的螞蟻讓工作和生活「融合」。

看完之後，發現我根本就是「徘徊不定的螞蟻」。用英文來講就是「Playful Ant」。對於「把工作當遊樂」的

徘徊不定的螞蟻

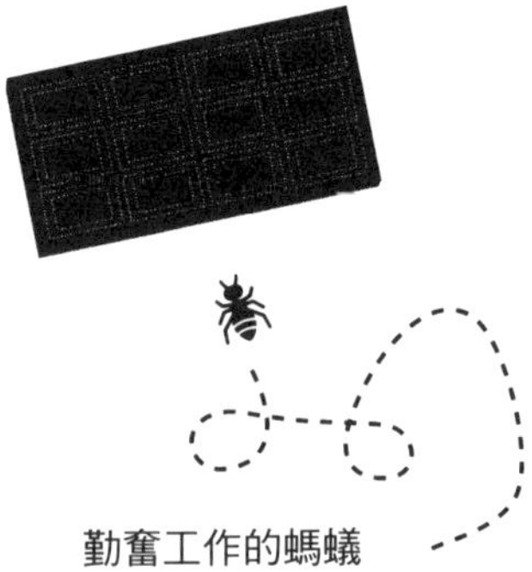
勤奮工作的螞蟻

人來講，完全可以理解。

「徘徊不定的螞蟻」，其存在價值為**超越組織的高牆，找出有價值的事物，將之組合成新的東西**。這與「邊際者」一模一樣！

歐里．布萊夫曼（Ori Brafman）等人所著作的《創意來自於失序》（*The Chaos Imperative*）（暫譯），從另外一個切入點讓我理解與螞蟻理論極為相近的一個道理。

這本書的主旨是創意（靈感）源自於**「穩定的混亂」**。

這裡的混亂不是指大混亂，而是指「在可控制範圍內，刻意引發的小混亂」有助於組織的健全發展。混亂可以製造「留白」，讓「異議分子」有闖入的餘地，並帶來出奇的成果。這種不可思議的現象稱為「有計畫的偶然」——。書裡這麼寫著。

對照我前面所述，大概就是以下這樣吧。

【穩定的混亂】　「模糊界線，產生融合」

【留白】　「留白法則」

【異議分子】　「怪咖」、「邊際者」、「與他人切磋」、「徘徊不定的螞蟻」

【有計畫的偶然】　「展開型」、「遊手好閒的樣子」

令人了然於心。這樣的對照，清楚刻劃出我的工作輪廓。

第二個告訴我「我扮演的是這樣的角色」的人是基金經理人藤野英人，他說我是「員工虎」。藤野表示**「有三種老虎救了日本」**。

**新創虎……以東京為中心發展先進事業，大幅成長的企業家。**

**不良虎……以地方為據點，在地集結成小型集團的企業家。**

**員工虎……雖身為職員、公務員，但看重使命更甚於公司的命令，運用公司資源自由活動，為顧客而努力的員工（員工虎）。**

隨著勞動人口減少，所有產業日趨成熟，在這個時代我們必須用前所未有的價值觀開創新事業，因此為了順應環境、迅速激發新創意，組織需要思維天馬行空、工作方式自由的人才。這就是員工虎的存在價值。

員工虎具備下列三項共通的特質。

**①從經脫離軌道，經歷過「伴隨痛苦的過渡期」。**

②表現傑出，成績亮眼（有顧客是你的忠實粉絲）。

③獲得經營層的理解。

由於日本全國的「員工虎」越來越多，藤野說「仲山，沖繩有很厲害的員工虎喔」，並舉辦「員工虎餐會」，讓我們認識彼此。

第三個人是著有暢銷書《最強戰略教科書　孫子》（日本經濟新聞出版社）、專門研究中國古典作品的守屋淳。

他在該系列的第二本書《組織求生教科書　韓非子》（日本經濟新聞出版社）中，以我為例子說明「如何在組織中獲得零星的自由」。

守屋研究員的分析重點有二點，包括「很多樂天的店家都相當仰賴仲山校長的協助」和「他是少數可以把店家的各種心聲，一五一十告訴老闆的員工」。

他應該是在告訴我**「你是韓非子流的組織存活者」**。我認為他的分析與員工虎的共通點也有重疊之處。

由於有這些人告訴我這些話，我才得以看到自己的角色原來是「存活於組織中的員工虎」，像「徘徊不定的螞蟻」般到處閒晃，製造「讓創意湧現的穩定的混亂」（這段話似乎還不能用來作為自我介紹，但明白自己的角色後，勇氣大增了100倍）。

我常常被問到「沒進公司都在幹什麼？」，這下子我也能心安理得地回答「在邊緣遊蕩，負責尋找創意。真是忙啊」（笑）。

認為「自己是異類」的人，不妨先找找身邊有沒有「員工虎」或「徘徊不定的螞蟻」。

在「看似什麼都沒做」的人當中，應該藏著很多徘徊不定的螞蟻或員工虎，他們都不是彼得先生。不過，從表面上來看的話，他們與彼得先生很類似，就是「不曉得到底在做什麼」，因此必須特別留意。判斷兩者的方法即，眼神死的是彼得先生，**眼神散發光芒的則是員工虎、徘徊不定的螞蟻**。

**在安逸的組織中製造「穩定的混亂」。**

# 以什麼樣的工作方式為目標？

## 「聽到別人對你說謝謝就覺得開心，代表你已經是二流」

而當你了解「自己是誰、自己的賣點是什麼」，接著要思考的課題就是**「以什麼境界為目標」**。

關於這一點，我在看大村濱女士的著作《教學的學問》（暫譯）（《教えるということ》，筑摩書房）時，受到了很大的衝擊。**她說「聽到別人對你說謝謝就覺得開心，代表你已經是二流」**。

她在書裡提到，有一位同為教師的前輩跟她說了以下這則故事。

有一個男子拉著一輛載滿貨物的車。車輪陷進泥濘中，怎麼推都推不上來。神看到這樣的情況，用手指碰了一下這輛車。那一瞬間，車子馬上從泥濘中脫困，男子繼續拉著車往前走——。

這是什麼意思？

神明默默地幫助了那位男子。

祂也可以選擇現身在男子面前說「我來助你一臂之力吧」。這樣一來，從泥濘中脫困的男子會感激地說「神啊，謝謝你！」。神明則得以獲得「心靈的滋養」。

然而，神明不會做如此低俗的事。因為，感謝神明幫助的男子，下次若再陷入泥濘，就只會想靠神明（依賴）的幫助來脫困。

反而是神明默默地幫助他，才能使男子覺得「只要我肯做就辦得到！」，建立起足夠的自信來克服人生往後的種種困境。

這就是「聽到別人對你說謝謝就覺得開心，代表你已經是二流」這句話的真諦。

意義深遠。太深奧了。

這句話完全顯示出因「獲得心靈」而沾沾自喜的自己，有多麼膚淺。

因此，我們應該以**「看似什麼都沒做」**的工作方式為目標，達到**「協助身邊的人工作順利，卻不以獲得心靈的滋養為樂」**的境界。

就是這樣的境界。

現在的我，有預感自己彷彿踏上螺旋梯的第二圈，即將展開新的「加法」階段。

**來到這個階段，**
**請不要再追求「獲得心靈滋養」的快感。**

# 結語

「在組織中自由地工作」，到頭來指的是**「無論是否身處於組織」，都能自由工作的人**（我想說的其實是這個）。

自由是「能選擇自己所好的狀態」。若想自由自在地工作，不要依附於一個組織上，建立「創造價值、享受工作的工作模式」非常重要。

然而，每個人心目中「理想」的工作方式都不一樣。有些書的內容完全和自己的想法相反，或者即使對書的內容有共鳴，卻覺得「自己做不到」。

例如，我在看湯姆・彼得斯的《耶！打響自己50招》時，就有這種感覺。整體而言，我雖然有感於「沒錯，就是這樣！」，但總覺得很難做到書裡面說的「與外界人士共進午餐，創建專屬課程（私人）大學」。因為當時我忙暈頭轉向，根本無法想像和外界人士共進午餐等活動。

但是，幾年後我真的做到了（設立了專屬課程大學）。

藉此我領悟到一件事。實現「自由工作方式」的各過程中，都會經歷「學習階段」。在「加法」階段時，不必勉強自己與外界人士共進午餐。等到「乘法」階段，就有機會認識外面的人，一切水到渠成。

我平時就特別喜歡一些作者，以某個時間點為分界點（大概是進入「乘法」階段後），我開始陸續有機會與這些素未謀面的「心靈導師」會面。能與他們見到面就已經非常高興，聽到他們說我的經驗「很有趣」更是令人喜出望外。緊接著，在他們一句「一起來做點事吧」下，也合作執行了好幾個企劃。這樣的際遇相當講究時機，我認為最好「不要過早」。因為，當我們自己還是無名小卒（尤其是在「加法」階段）時，即使想盡辦法與這些人碰面，後續也無法進展至更深入的關係。

就像這樣，「每個階段應做的事是完全相反的」。

我想，公司裡許多代溝和誤會，都是這個原因造成的吧！

例如，年輕員工認為「我現在不想做這項業務，想做其他業務」，而主管卻認為「只想挑自己喜歡的事做，這種驕縱的想法很要不得」，這樣的對立若能透過加減乘除的階段來思考，則可產生以下對話：

**年輕員工：**「我的優勢是具有豐富的想像力，所以我不適合當業務，比較想做企劃。」

**主管：**「你目前在『加法』階段，所以不要挑工作，才能擴展自己的能力。這樣一定有助於你邁入下一階段。」

**年輕員工：**「說得也是，反正我也不用永遠一直當業務。我會試著努力學習。」

不妨試著幻想一下這樣的對談。若本書的問世能帶來這樣的情景，我會感到非常開心。

我也希望「漂浮在組織中」的讀者，能看到這本書。那些工作表現備受客人好評，卻因各種因素而孤獨努力著的人。我希望藉由本書將這群人串聯起來。

就像本書所寫的，**工作的極致報酬是「自由」**。

然而，我不知道自由是否對人人來講只有好沒有壞。

我在因緣際會下成為可以自由兼職的正職員工，並開設了自己的公司。從中我有了一個很大的體悟。

**「不主動決定，就永遠不會有收穫」**。

我邊做其他工作，讓自己的公司閒置了二個月。這是原本身為上班族的我，從未有過的感覺。我領悟到「上班族的生活讓我養成聽指令做事的習慣」。這是很重要的一項察覺。

創業讓我體悟到，

**「自由很麻煩」**。

不但什麼都要自己決定，還要決定「自己是誰」。當選擇一多，做決策就變成一件麻煩事。我終於可以了解為什麼經營者會想要仰賴顧問這種「提供答案（服務）的人」。並且，因覺得待在組織不自由而創業的人，最後卻淪為大客戶的分包商（主管不過成了公司外部的人），或許有很大一部分原因也是「聽指令做事比較輕鬆」。

我自己又是怎麼樣？我訂定了自己的理念（目的、意義）。

**「讓享受工作的大人變多，使孩子有所憧憬」**。

也就是說讓孩子對於享受工作的大人產生憧憬。就像我在小學畢業作文「未來的夢想」

中寫道「想成為鈴木一朗那樣的人」一樣，若「名人」的部分能變成「隔壁叔叔或阿姨」的名字，世界一定會更美好。

以這個理念為標準來選擇工作，就能適度縮小選項範圍，也能讓整體合而為一（除法階段）。

我在寫這本書的時候，深刻感受到除了在我踏入職場之初就與我有來往的朋友之外，也多虧了出現在我人生中的所有人，我才能以目前的方式工作。除了本文中出現的人之外，我雖然很想一一唱名，但礙於篇幅有限，只能在這裡感謝您們。謝謝！

其中，我要特別感謝提供良好環境，令我能投入工作的三木谷浩史社長、樂天的創業夥伴以及一起把工作當遊樂的賣家們。

本書之所以能成形，是因為暢銷書《看懂營運狀況的會計報表》（日本經濟新聞出版社）作者田中靖浩，於二〇一四年邀請我「以我的工作方式為主題，共同舉辦演講」。演講結束後，其中一位聽眾笑嘻嘻（冷笑？）地朝我走過來，並問「要不要把今天的內容寫成書？」。這位聽眾就是本書的編輯柏原里美。

雖然從那時候起花了三年構想、一年寫書，但多虧有她將眼光放遠，有耐心地製作本書，才能順勢搭上這波「勞動方式改革」的時代浪潮。我要感謝田中先生、柏原女士以及我的出版經紀人宮原陽介先生。

最後，我也要感謝在我延畢一年和轉換跑道至默默無名的新創公司時，都對我說「你覺得好就好」並默默支持我的父母。另外，我之所以能如此享受工作，都是因為擁有一個充滿歡樂的家庭。感謝總是給我犀利意見的妻子（指出我的缺點？），和味蕾敏銳、讓我在臉書上想到「你是酒鬼、吃貨嗎？」這個梗的兒子。

雖然常常有人問我「未來有什麼職涯規劃？」，但由於我是展開型的人，因此我並不認為現在的工作方式一定是對的，也不知道會持續到什麼時候。因此，我至今仍每天抱持「自己究竟會成為什麼樣的大人」的期待在過生活。

若本書的讀者跟我說一聲「一起享受工作」並分享有趣的事情，我會非常高興。若方便的話，請寄一封信至nakayama48@gmail.com。請告訴我你的感想等等，短短的一句話也能令我深感開心。

# 參考文獻


- 湯瑪斯・馬龍（Thomas Malone）／羅伯特・羅巴哈（Robert Laubacher）「網路個體經濟的黎明」（暫譯）（The Dawn of the E-Lance Economy」（世界思想社）
- 米哈里・契克森米哈伊（Mihaly Csikszentmihalyi）《心流：高手都在研究的最優體驗心理學》（行路）
- 米哈里・契克森米哈伊／入山章榮／佐宗邦威「將〔心流〕運用在人事考核中，就能為日本企業注入創造力」（《人事評価に「フロー」を使えば、日本企業はクリエイティブになる》，Biz／Zine）
- 湯姆・彼得斯（Tom Peters）《耶！打響自己50招》（時報出版）
- 湯姆・彼得斯《哇！發燒創意五十招》（時報出版）

● 小阪裕司《「仕事ごころ」にスイッチを！——リーダーが忘れてはならない人間心理の3大原則＆実践術》（Forest出版）
● 小阪裕司《冒険の作法——仕事と人生がもっと豊かになる》（大和書房）
● 本田健《普通の人がこうして億万長者になった——一代で富を築いた人々の人生の知恵》（講談社）
● 岡本太郎《自分の中に毒を持て——あなたは「常識人間」を捨てられるか》（青春出版社）
● 勞倫斯・彼得（Laurence J.Peter）／雷蒙德赫爾（Raymond Hull）《彼得原理》（悅讀名品出版社）
● 丹尼爾・品克（Daniel H. Pink），《Free Agent Nation: The Future of Working for Yourself》（Diamond出版）
● 史蒂芬・柯維（Stephen Richards Covey）《與成功有約：高效能人士的七個習慣》（天下文化）
● 本田宗一郎《「一日一話」——「独創」に賭ける男の哲学》（PHP研究所）
● 詹姆斯・韋伯・揚（James Webb Young）《創意，從無到有》（經濟新潮社）

- 糸井重里《網路式》（合作社出版）
- 歐里・布萊夫曼（Ori Brafman）／朱達・波拉克（Judah Pollack）《The Chaos Imperative》（日經ＢＰ社）
- 守屋淳《組織サバイバルの教科書　韓非子》（日本經濟新聞出版社）
- 《教えるということ》（筑摩書房）

BW0721

# 加減乘除工作術
## 複業時代，開創自我價值能力的關鍵

原　　書　　名／組織にいながら、自由に働く。仕事の不安が「夢中」に変わる「加減乗除（＋－×÷）の法則」
作　　　　　者／仲山進也
譯　　　　　者／楊毓瑩
企　劃　選　書／陳美靜
責　任　編　輯／劉芸
版　　　　　權／黃淑敏、翁靜如、林心紅
行　銷　業　務／莊英傑、周佑潔、王　瑜

總　　編　　輯／陳美靜
總　　經　　理／彭之琬
事業群總經理／黃淑貞
發　　行　　人／何飛鵬
法　律　顧　問／台英國際商務法律事務所　羅明通律師
出　　　　　版／商周出版
臺北市104民生東路二段141號9樓
電話：(02) 2500-7008　傳真：(02) 2500-7759
E-mail: bwp.service @ cite.com.tw
發　　　　　行／英屬蓋曼群島商家庭傳媒股份有限公司　城邦分公司
臺北市104民生東路二段141號2樓
讀者服務專線：0800-020-299　24小時傳真服務：(02) 2517-0999
讀者服務信箱E-mail: cs@cite.com.tw
劃撥帳號：19833503　戶名：英屬蓋曼群島商家庭傳媒股份有限公司城邦分公司
訂　購　服　務／書虫股份有限公司客服專線：(02) 2500-7718；2500-7719
服務時間：週一至週五上午09:30-12:00；下午13:30-17:00
24小時傳真專線：(02) 2500-1990；2500-1991
劃撥帳號：19863813　戶名：書虫股份有限公司
E-mail: service@readingclub.com.tw
香港發行所／城邦（香港）出版集團有限公司
香港灣仔駱克道193號東超商業中心1樓
電話：(852) 2508-6231　傳真：(852) 2578-9337
馬新發行所／城邦（馬新）出版集團
Cite (M) Sdn. Bhd.
41-3, Jalan Radin Anum, Bandar Baru Sri Petaling, 57000 Kuala Lumpur, Malaysia.
電話：(603) 9056-3833　傳真：(603) 9057-6622　讀者服務信箱：services@cite.my

封　面　設　計／申朗創意
印　　　　　刷／鴻霖印刷傳媒股份有限公司
經　　銷　　商／聯合發行股份有限公司　電話：(02) 2917-8022　傳真：(02) 2911-0053
地址：新北市新店區寶橋路235巷6弄6號2樓

■2019年（民108）9月5日　初版1刷　　Printed in Taiwan

國家圖書館出版品預行編目（CIP）資料

加減乘除工作術：複業時代，開創自我價值能力的關鍵／仲山進也著；楊毓瑩譯. -- 初版. -- 臺北市：商周出版：家庭傳媒城邦分公司發行, 2019.09
面；　公分. --（新商業叢書；BW0721）
譯自：組織にいながら、自由に働く。仕事の不安が「夢中」に変わる「加減乘除（＋－×÷）の法則」
ISBN 978-986-477-713-6（平裝）
1.職場成功法　2.自我實現
494.35　　108012878

Original Japanese title: SOSHIKI NI INAGARA, JIYU NI HATARAKU

Original Japanese edition published by JMA Management Center Inc.
Traditional Chinese translation rights arranged with JMA Management Center Inc.
through The English Agency (Japan) Ltd. and AMANN CO., LTD, Taipei

**定價300元**
ISBN 978-986-477-713-6